人类起源的演化过程

贾兰坡 / 著

U0222454

天地出版社 | TIANDI PRESS

图书在版编目（CIP）数据

人类起源的演化过程 / 贾兰坡著. -- 2版. -- 成都：
天地出版社， 2025. 2. -- （一起快乐读书吧）.
ISBN 978-7-5455-8678-7

Ⅰ. Q981.1-49

中国国家版本馆CIP数据核字第2024G72D06号

RENLEI QIYUAN DE YANHUA GUOCHENG

人类起源的演化过程

出 品 人	杨　政
著　　者	贾兰坡
责任编辑	赵丽丽
责任校对	杨金原
封面插图	创乐绘艺术工坊
内文插图	李秋红
封面设计	魔方格
内文排版	蚂蚁书坊
责任印制	刘　元

出版发行　天地出版社
　　　　　（成都市锦江区三色路238号 邮政编码：610023）
　　　　　（北京市方庄芳群园3区3号 邮政编码：100078）
网　　址　http://www.tiandiph.com
电子邮箱　tianditg@163.com
经　　销　新华文轩出版传媒股份有限公司

印　　刷　三河市兴国印务有限公司
版　　次　2025年2月第2版
印　　次　2025年2月第1次印刷
开　　本　787mm×1092mm 1/16
印　　张　13.5
字　　数　242千字
定　　价　32.00元
书　　号　ISBN 978-7-5455-8678-7

一起
快乐读书吧!

阅读

开启快乐生活

点亮智慧人生

阅读体系
任务驱动

　　阅读，是一个培养认读能力、理解能力、鉴赏能力、评价能力、运用能力、实践能力的综合性工程。为了切实帮助广大小读者提升阅读能力，我们精心打造了"任务驱动"阅读体系。"任务驱动"阅读体系包括预读任务、阅读导引和读后任务三部分，明确每一阶段的任务，让小读者阅读有目标、有方法、有收获。

预读任务

读前导学

认真阅读"读前导学"，带着导学的问题开启阅读之旅。

阅读规划

把握阅读要点，认真进行阅读打卡，按时完成所读内容。

阅读导引

阅读提示

认真阅读篇章前的阅读提示，快速理解并掌握基本情节和主要内容。

精彩点评

结合旁批中的精彩点评，对关键语段熟读精思，加深对文章内容的理解。

体悟积累

根据文章内容回答思辨问题，积累精彩语句，有效巩固阅读成果。

读后任务

认读·理解

对难解字词进行注释，对文中的主要观点进行梳理，帮助读者掌握说明的中心问题，熟悉说明角度和说明顺序。

鉴赏·评价

对说明对象、文体特点、写作方法及语言特点进行考查，帮助读者掌握说明方法和表达效果，感受说明文语言的特点，帮助读者建立正确认知，以更好地理解和接受。

运用·实践

对文中的信息进行提取，引导读者了解和认识事物的特征，透过现象认识本质。由阅读联系实际生活，引导实践活动，让读者读有所得、得有所行。

你知道吗？很久很久以前，地球上可没有我们现在这样子的人类！那时候，地球上住着一些长得有点像猴子的古人类。那么，人类到底是怎么从这些古人类变成现在这个样子的呢？在这本书里，贾兰坡爷爷会带我们一起穿越时空，回到过去。他会告诉我们：考古学家是怎么找到古人类的骨头的？这些骨头告诉了我们什么秘密？我们人类的祖先都经历了哪些惊险刺激的冒险？贾爷爷不仅是一位著名的古人类学家，还特别会讲故事。他把枯燥的科学知识讲得生动又有趣，就像讲述一部精彩的探险故事。如果你想知道我们人类从哪里来，又经历了怎样的进化，那么这本书你一定不能错过！快翻开这本书，和贾爷爷一起探索人类的起源吧！

阅读点拨

1. 贾兰坡先生是中国著名的古人类学家，他亲身参与了周口店北京人遗址的发掘工作。本书中有大量的第一手资料和研究成果，保证了内容的真实性和科学性。

2. 书中不仅有严谨的科学论证，还有许多生动有趣的故事。比如，书中详细描述了考古学家是如何发现北京人头盖骨的，让读者就像在看一部探险小说。

3. 书中不仅介绍了北京人，还梳理了从古猿到现代人的整个进化过程。通过本书，你能够了解到人类进化的各个阶段，以及科学家在每个阶段的重要发现。

阅读打卡

第一站

《从"神创论"到认识上的蒙昧时期》——
附录《古人类化石表》

阅读开始时间： / 阅读结束时间：

第二站

《我的童年》——《南下受阻》

阅读开始时间： / 阅读结束时间：

第三站

《美国古生物学家葛利普》——《流逝的岁月留下了什么》

阅读开始时间： / 阅读结束时间：

目录

爷爷的爷爷哪里来

　　关于人类的起源流传着许多美丽的神话故事，但人类到底是从哪里来的？人类的起源是什么？考古学家是怎样发现最早的人类的？关于人类起源的认识曾发生过什么样的分歧和争论？中国考古人员在这一过程中又发挥了什么作用？……这一切，就让古人类学家贾兰坡爷爷来告诉你吧！

从"神创论"到
认识上的蒙昧时期

阅读提示

阅读笔记

> 人类从何而来？这个问题困扰了我们数千年。本文从古老的创世神话出发，通过对比中西方神话、列举化石证据，生动地呈现了人类从蒙昧到科学认知的演变过程。无论你是对神话传说感兴趣，还是对进化论有所了解，都能从中获得新的发现和启示。

    人类很早就想知道自己是怎么来的。由于科学的落后，人们得不到正确的认识，就认为人是用泥土造的，也就是"神创论"。"神创论"在世界上流传很广，东、西方都有这样的神话故事传播。

    在中国广为流传的是盘古开天辟地和女娲抟❶土造人。古人认为，世界上最初没有万物，后来出现了盘古氏，他用斧头劈开了天、地，天一天天加高，地一日日增厚，盘古氏也一天天跟着长大。万年之后，有了天高不可测、地厚不可量的世界，盘古氏也成了顶天立地的巨人，支撑着天与地。他死后化成了太阳、月亮、星星、山川、河流和草木。天

注：本书为作者不同年代作品的合集。书中所涉及的所有数据、专业用语均以作者所处的年代为准，个别数据与专业用语与现在更新的研究略有不同。

❶ 抟（tuán）：同"团"，把东西揉弄成团状或球形。

地星辰、山川草木、虫鱼鸟兽出现了，只是世界上还没有人。这时女娲出现了，她取土和水，团成泥，捏成人，从此世上就有了人。

在国外的神话中，也有相似的说法。埃及的传说中，人是由鹿面人身的神哈奴姆用泥土塑造成的，并与女神赫脱给了这些泥人生命。在希腊的神话中，普罗米修斯用泥土捏出了动物和人，又从天上偷来火种交给了人类，并教会了人类生存技能。

随着人类社会的不断发展，神话传说被宗教利用，成为宗教的经典，并撰成教义，更加在人们口中广为流传。关于"上帝造人"，古犹太教《旧约全书》❶的创世记部分，说上帝花了6天时间创造了世界和人类：第一天创造了光，分了昼夜；第二天创造了空气，分了天地；第三天创造了陆地、海洋、各种植物；第四天创造了日月星辰，分管时令节气和岁月；第五天创造了水下和陆上的各种动物；第六天创造了男人和女人及五谷、牲畜；第七天上帝感到累了，休息了。在基督教《圣经》中的"创世说"中说耶和华❷上帝创造了天地之后，世界仍一片荒芜，于是他降甘露于大地，长出了草木。耶和华用泥捏了一个人，取名"亚当"，造了一个伊甸园，把亚当安置在里面。伊甸园中有各种花木，长着美味的果实。后来耶和华上帝感到亚当一个人很寂寞，在亚当熟睡之时，抽出他的一根肋骨造了一个女人，取名"夏娃"，上帝把各种飞禽走兽送到他们跟前。后来，夏娃偷吃了禁果。上帝把亚当、夏娃贬下尘世，随后发了一场洪水以示对世间罪恶的惩罚，并造了一条诺亚方舟，来拯救世间无辜的生灵。

不管是女娲抟土造人也好，还是上帝造人也好，这些神话传说都并非出于偶然，而是人们很想了解和知道自己是怎么来的，由于不得其解才造出了"神创论"。

---

❶《旧约全书》：简称《旧约》，犹太教圣经，书中记载了上帝和犹太人在西奈山订立盟约的事情。

❷ 耶和华：《圣经》中记载的全能、公义、威严、圣洁、信实、慈爱、至高无上的真神。

点拨

简单列举外国神话，说明"神创论"在世界范围内普遍存在。不同文化的神话反映了人类对自身起源的好奇，以及对创造者的崇拜。

点拨

在前文对各种人类起源的神话做了介绍之后，这里对这些神话产生的原因进行了总结，并为后续的论述提供了逻辑上的支撑，起到了承上启下的作用。

我的童年是在农村度过的。逮蝈蝈、掏蛐蛐、捉鸟、拍黄土盖房是我们那个时代儿童最普遍的游戏。每逢我玩后回家，母亲都要为我冲洗，有时一天两三遍。母亲边搓边唠叨："要不怎么说人是用土捏的呢！无论怎么搓，都能搓下泥来。"我6岁时到离我家不远的外祖母家读私塾，也常听老师和外祖母这样说。可见"人是泥捏的"的传说流传得多广、多深了。

何时出现的传说，不得而知，想来在有文字之前就已经开始了。而与"神创论"唱反调的还得说是中国的学者。远在2 000多年前我国春秋时代的管仲（？—前645）在《管子·水地篇》上说："水者何也？万物之本原也，诸生之宗室也。"意思是说：水是万物的根本，所有的生物都来自水。他的这句话说出了生命的起源。

战国时代的伟大诗人屈原在诗歌《天问》中，对自然现象、神话传说一口气提出了100多个问题。对女娲抟土造人也提出了质疑："女娲有体，孰制匠之？"意思是说，女娲氏既然也有身体，又是谁造的呢？

最使人惊奇的是山东省微山县出土的东汉时期的"鱼、猿、人"的石刻画。原石横长1.86米、纵高0.85米（现藏于曲阜孔庙），作者不知是谁。在原石的左半部，从右向左并排着鱼、猿、人的刻像，让人看了之后，很自然地会想到"从鱼到人"的进化过程。

18世纪的法国博物学家乔治·布封虽然也曾提出"生命首先诞生于海洋，以后才发展到了陆地；生物在环境条件的影响下会发生变化，器官在不同的使用程度上也会发生变化"的科学论证，但是并没有指出从鱼到人的演化关系。

最早指出从鱼到人的演化关系并发表论著的是美国古脊椎动物学家威廉·格雷戈里。1929年他发表的《从鱼到人》，把人的面貌和构造与猿、猴等哺乳类、爬行类、两栖类动物相比较，把我们的面形一直追溯到鱼类。在当时，由于获得的材料有限，在演化过程中缺少的环节太多，有人嫌他的说法不充分，甚至指责他的某些看法是错误的。把从鱼演化到人的一枝一节都串联起来，谈何容易！你知道演化经过了多少时间吗？鱼类的出现，从地质时代的泥盆纪❶起，到现在已有3.7亿年了，这是多么漫长的时间啊！

能够说明演化的资料并非是虚构的，而是来自地下。地层就是一部巨大的"书"，它包罗万象，有许多许多东西是由地下取得的。就拿脊椎动物化石来说吧，其实也就是老百姓经常说的"龙骨"。它们绝大多数是哺乳动物的骨骼，由于在地下埋藏的时间较长，得以钙化。但是要成为化石，还要有一定的条件。首先，包括人在内的动物死亡后，能尽快地被埋藏起来，使其不暴露。然后，经过自然界的作用，年代久之即可成为化石——我们所要研究的材料。

虽然许多人将脊椎动物的骨骼叫作"龙骨"，但从来也没人见过想象中的"龙"。我跑过除西藏之外的很多省份，也找不到"龙"的蛛丝马迹。所谓的"恐龙"，原意为蜥蜴之类巨大的爬行动物，原是日本学者用的译名，我们也就随之使用了。

除了化石的形成条件，还要能发现它们，直到把它们一点一点地发掘出来，这也不是一件很容易的事，其中有很高的技术含量。从发掘到修理，使之完整地再现于人们的眼前，再加上翻制模型，都必须有高超的技术。

点拨

将地层比喻为一本包罗万象的书，形象地说明地层中蕴含着丰富的科学信息，使抽象的地质概念变得具体可感，同时也激发了我们的好奇心。

点拨

作者通过简单的一句话，强调了化石发掘工作的复杂性，让我们了解到考古工作的不易。

阅读思辨

❓1.神话故事和科学发现，哪一个更能解释人类的起源？为什么？

❓2.为什么科学家们认为人类是从远古的生物进化而来的呢？他们发现了哪些证据？

---

❶ 泥盆纪：地质时代古生代中的第四个纪。

"人类起源"科学来之不易

阅读提示

从蒙昧到文明，人类从未停止过对自身起源的探索。这段探索之路布满荆棘，科学家们历经无数挫折，才逐渐揭开了人类演化的神秘面纱。尼安德特人、直立人……这些重大发现背后，隐藏着无数科学家的心血与汗水，让我们一起来了解一下。

"人类起源"，也有人称为"从猿到人"，或"人之由来"，等等。其实都是一个意思：人类是怎样一步一步演化成今天这个样子的。

有关人类起源的知识得来很不容易。许多真正的学者对这门学科的研究从不松懈，也不怕别人的谩骂和非议，一代接一代不屈不挠地进行着。直到目前，仍有许许多多的问题需要由后来人接着研究下去。但是再没有人反对人类是从猿演化而来的说法了，这是最大的胜利。下面我先谈谈这门学科的历史，你就可以知道它来之不易了。人类起源的研究历史是很晚的，至今不到 200 年。

在欧洲中世纪，宗教和神学思想统治了社会很长的时间，许多科学的观点被扼杀。直到文艺复兴运动的兴起，人们的思想、感情得到了大解放，出现了一大批思想家、文学家和科学家，完成了很多的科学发现。在人类起源问题上，1859 年，英国生物学家查尔斯·达尔文发表

点拨

高度赞扬了科学家们的求真精神和毅力，体现了科学研究的艰辛和伟大。

了《物种起源》一书，提出了生物进化理论。在达尔文的启示下，英国博物学家托马斯·赫胥黎在 1863 年发表了《人类在自然界中的地位》，提出了"人猿同祖论"。1871 年，达尔文又发表了《人类的由来及性选择》，论证了人类也是进化的产物，是通过能增强其生存和繁殖的变异，并遗传给下一代的自然选择从古猿进化而来的。这是世界科学史上划时代的贡献。尽管如此，在那个时代由于证据不足，因此当时所有进化论者都感到很苦恼，因为他们不能用真凭实据来说服人。但他们的论点为寻找人类起源的证物——人类化石，指明了方向。

1806 年，丹麦的一个委员会决定在他们国内进行历史、自然史和地质学的研究。首先遇到的是丹麦没有历史记载的"巨石文化❶"、贝丘❷中的许多石器制品。他们认为传说中的故事对真正的历史事实的帮助是无能为力的。但在工作期间，史前（有记载以前的历史）工具的发现越来越多，因而一个新的委员会要求对这些材料进行仔细的研究。1816—1865 年，汤姆森在哥本哈根任丹麦皇家古物博物馆（即今天的自然博物馆）馆长，又进一步安排、策划、组织人力，对发现物进行分类研究，并根据文化性质编年，建立了石器时代、青铜器时代和铁器时代的顺序。这一工作，虽然由于材料的限制，在当时的情况下，研究的成果不可能达到确凿无误，但是他们所做的科学项目和内容，可以说是研究人类起源的开端。

1856 年 8 月，在德国杜塞尔多夫以东霍克多尔附近的尼安德特山谷发现了具有原始性质的人类化石。那里是石灰岩地区，工人们采石烧灰。在石灰窑地区内有个山洞，工人们在山洞尚未被破坏前见到了一副骨架，附近既无石制的工具，也没有其他哺乳动物的骨骼化石。石灰窑的负责人虽然不是内行，但对这具不完全的骨架感到非常奇

点拨

强调了科学研究中的局限性，同时也突出了新研究的开创性意义。尽管条件和技术的限制使得研究不可能完美，但这种探索精神开启了新领域，是现代人类学的基础。这一段说明了科学研究中常见的"渐进性"特点。

---

❶ 巨石文化：世界各地分布着许多石器时代至青铜时代的巨大石结构建筑，这些石质建筑物以宏大的平面布局和奇特的造型而著称于世，被历史学家和人类学家称为"巨石文化"。

❷ 贝丘：又称贝冢，是古代人类居住遗址的一种。

怪，特别是保留下来的头盖骨，既不像人的，也不像其他动物的，因而骨架得以保存下来，交给了当地的一名医生。这名医生也不能肯定这是人类的骨架，又将骨架送到波恩大学，请教授沙夫豪森鉴定。沙夫豪森认为这副骨架骨骼粗大，头骨前额低平，眉嵴粗壮，是欧洲早期居民中最古老的人。赫胥黎见到头骨模型后，也认为是最像猿的人类头骨。后来这具骨架被辗转送到爱尔兰高韦皇后学院的地质学教授威廉·金手中，经他研究，认为在尼安德特山谷发现的这具骨架化石是已经绝种的古代人类遗骸，并于1864年按动植物的国际命名法为它命了个拉丁语化的名称，叫"Homo neander-thalensis"（King，1864），我国译为"尼安德特人"。这是双名法命名。后来种类越分越细，改为三名法命名，后面的字是形容词。整整过了100年，坎贝尔才又给改了一个三名法的命名，叫"Homo sapiens neanderthalensis"（Campbell，1964）。一般仍叫"尼安德特人"，简称"尼人"。

尼安德特人化石的发现，引起了很大的争议。很多人持怀疑和反对的态度，这是因为当时没有更多的证据。1886年，比利时的斯庇也发现了尼人的骨骼化石及其他哺乳动物化石，这次发现的头骨和尼安德特山谷发现的头骨特征相同，有关尼人的争议才渐渐平息。同时达尔文的进化论也渐渐被人们接受。

尼人是介于直立人与现代人之间的人类，被称为"早期智人"，年代为10万～3.5万年前。之后又发现了比尼人进步的晚期智人——克罗马农人，年代为3.5万～1万年前。尽管在19世纪中叶有大量的古人类化石被发现，达尔文的进化论日渐深入人心，但人们仍不能接受"人猿同祖"和"从猿到人"的进化观念。这是因为没有找到从猿过渡到直立人这个阶段的化石，有些学者以证据不足来对抗进化论。

正当欧洲关于人类起源的争议非常激烈的时候，尤金·杜布瓦在荷兰降生了，那年是1858年。杜布瓦长大后进了医学院，毕业以后当了师范学校的讲师，他对人类起源的问题着了迷。29岁时，杜布瓦

点拨

这段话揭示了科学发现和大众观念之间的冲突。即使进化论逐渐为学术界所接受，但因为与传统宗教和文化信仰相冲突，普通人对于"人猿同祖论"仍心存抵触。

开始着手研究人类起源问题。他把想法告诉了一些同事和朋友，遭到同事和朋友的反对，有人还说他得了精神病。但杜布瓦没有气馁，经过努力，他作为一名随队军医被派往当时由荷兰统治的苏门答腊（现属印度尼西亚），想在那里寻找更原始的古人类化石。功夫不负有心人，1890 年他在中爪哇的克布鲁布斯发现了一件下颌骨残片；1891 年又在特里尼尔附近发现了一个头盖骨；1892 年在头盖骨发现地附近发现了一根大腿骨。杜布瓦十分高兴，在给欧洲友人的电报中，他称这是"达尔文的缺环"。

正当杜布瓦还在高兴之时，他还没来得及把化石向同行们展示，就成了争论的焦点。有人嘲笑他，有人谩骂他，而教会更是不能容忍他。在各方面的围攻之下，杜布瓦把这些珍贵的人类化石锁在了家乡博物馆的保险柜里，一锁就是 28 年。

杜布瓦发现了人类化石后，曾于 1892 年给它取了个拉丁语化的名字"直立人猿"（Anthropithecus erectus），1894 年改为"直立猿人"。由于受到教会和各方面的指责和压力，不得已，他承认了他发现的是一种猿类化石。尽管杜布瓦又提出了与自己相反的意见，但这种相反的论点并未得到后来人的承认。20 世纪 30 年代，荷兰籍德国古人类学家孔尼华在爪哇（现属印度尼西亚）又有了新的发现。曾经研究过"北京人"化石的魏敦瑞看过在爪哇的发现后，为了命名的统一，对于杜布瓦发现的人类化石，1940 年把它改为"爪哇直立人"。1964 年坎贝尔又把命名改为"Homo erectus crectus"，译为"能直立的直立人"，一般译作"标准直立人"。

杜布瓦发现的古人类化石，现在我们已经搞清了，是属于更新世早期、距今 90 万 ~ 80 万年的直立人，的的确确是人类演化中的重要一环。杜布瓦把他的发现锁了 28 年之后，在美国纽约自然历史博物馆馆长亨利·奥斯朋的呼吁下，1923 年他打开了保险柜，在一些科学讨论会上展示了他的发现。

点拨

科学家在提出新理论或发现时，往往会遭遇到来自各方面的质疑、嘲笑甚至攻击。这种新旧认识冲突在科学史中反复出现，但也推动了思想的解放和科学的进步。

顺便说一下，亨利·奥斯朋在当时是最著名的古人类学家、古脊椎动物学家和石器时代考古学家，生前出版了大量著作。我在1931年参加周口店"北京人"遗址发掘工作的时候，还是个什么都不懂的小青年。除了有导师和学长的帮助，最早读的一本书就是1885年英国伦敦麦克米兰公司出版的亨利·福罗尔著的《哺乳动物骨骼入门》，从中学到了不少关于哺乳动物骨骼的知识。第二本就是奥斯朋著的、由纽约查尔斯·斯克里布之子书店1925年出版的《旧石器时代人类》。这使我对古人类，不论是欧洲的发现，还是欧洲之外的发现都有了了解；对古人类所使用过的石器也有了进一步的认识。这两本书现在看来已有些陈旧，但我仍然把它们好好地保存着，因为是它们把我引入这门学科的大门，在以后的工作实践中使我对这门学科越来越感兴趣，以至于能取得今天的成绩，在这门学科中"长大成人"的。当然我更不能忘记师长和同人对我的帮助和支持。

杜布瓦的发现是人还是猿，当时争议很大，因为没有人能够提供更加令人信服的证据，人们仍然有很多疑惑。20世纪初，学者们把眼光转向了中国。

点拨

用"长大成人"这种隐喻让人感受到科学探索如同人的成长，是一个不断积累、反思和自我提高的过程。

阅读思辨

❓ 1.为什么科学家们要花这么多的时间和精力去研究人类的祖先呢？

❓ 2.你认为科学家们在研究过程中遇到了哪些困难？他们又是如何克服这些困难的呢？

北京人头盖骨

阅读提示

　　北京周口店，这个名字在世界考古史上熠熠生辉。20世纪上半叶，这里成为古人类学家们追寻人类起源的圣地。经过多年的艰苦发掘，中国科学家终于在龙骨山洞穴中发现了震惊世界的"北京人"头盖骨化石。本文将为您讲述这段传奇的考古故事，揭开"北京人"神秘面纱的一角。

　　1915年，美国学者马修出版了《气候与进化》一书，书中马修提出了亚洲是人类的发祥地。奥斯朋也认为人类起源地在中亚地区。这种观点的提出还是由一位在北京行医的德国医生哈贝尔引起的。1903年，他把从北京中药店里买到的"龙骨"，即一批动物化石带到德国，交给德国古生物学家施罗塞研究，施罗塞认为其中有一颗像人的牙齿，但不敢确定，因而说是类人猿的。因此，他非常鼓励古生物学家到中国来考察。当时中国的一批学者像章鸿钊、丁文江、翁文灏（hào）等人创办了中国地质调查所，丁文江任所长。他们认为地质调查所的任务不应仅限于矿产调查，更应该进行古生物方面的调查和研究。1920年，他们聘请美国古生物学家葛利普来华担任中国地质调查所古生物研究室主任兼北京大学古生物学教授，为中国培养古生物学的人才。瑞典地质学家、考古学家安特生也接受了中国政府的聘请，在1914—1924年来华担任农商部矿

点拨

体现了中国学者在科学事业上的远见卓识，以及对推动中国科学事业发展的积极态度。

政顾问，此时的地质调查所也归入了农商部。安特生除担任矿政顾问外，还从事中国新生代地质和化石材料的调查和研究。值得一提的是，1919年北京协和医学院聘请了加拿大医生步达生来华担任解剖科主任。他受马修的影响，也对在中国寻找古人类化石极为关注。各方面的因素促成了北京人在北京房山周口店的发现，使中国的古人类学、旧石器考古学和古脊椎动物学有了突飞猛进的发展。

1918年，安特生在周口店调查地质情况时，首先在周口店之南约2000米处发现了很多鼠类化石。因为石灰窑工人在这个地方采石时发现了很多像鸡骨一样的动物骨骼化石，因此把这个地方称为"鸡骨山"。

1921年，安特生同奥地利古生物学家师丹斯基又到鸡骨山采集化石。经当地工人指点，在鸡骨山以北2000米处，找到了更大的化石地点，名叫"龙骨山"，也就是北京人遗址。在这个地点，他们发现了许多大型的脊椎动物化石，其中使他们最感兴趣的是他们从未见过的肿骨鹿的头骨和下颌骨等骨骼化石。因为在含化石的地层中有外来的岩石，安特生预感到远古的人类很可能在这里居住过。

1926年的夏天，师丹斯基在瑞典乌普萨拉大学的威曼实验室里，整理从周口店采集的化石时，发现了两颗人类的牙齿。他认为是属于人类的，就把这个发现公布了。北京协和医学院解剖科主任步达生看了之后也认为是人类的，从而对周口店极感兴趣和关注，开始与农商部地质调查所所长丁文江和翁文灏经常联系，准备发掘周口店一带。最初商谈是中国地质调查所与北京协和医学院解剖科共同成立"人类生物学研究所"，由步达生与美国洛克菲勒基金会联系资助。后来丁文江、翁文灏建议把"人类生物学研究所"改为"新生代研究室"，作为中国地质调查所的分支机构。1927年2月，双方通过通信方式签订了《中国地质调查所和北京协和医学院关于研究第三纪和第四纪堆积物协议书》。协议书共有四款，大约是从1928年

点拨

体现了安特生敏锐的洞察力和丰富的考古经验，他从地层中的异常现象推断出人类活动的可能性，为后来的重大发现奠定了基础。

开始由洛克菲勒基金会资助 22 000 美元，作为到 1929 年 12 月 31 日为止两年的研究专款。中国地质调查所拨款 4 000 元补贴这一时期费用；步达生在双方指定的其他专家协助下负责野外工作，2~3 名受聘并隶属中国地质调查所的古生物专家负责与本项目有关的古生物研究工作；一切标本归中国地质调查所所有，在人类材料不能运出中国的前提下，由北京协和医学院保管，以供研究之用；一切研究成果均在《中国古生物志》或中国地质调查所其他刊物以及中国地质学会的出版物上发表。新生代研究室 1929 年才正式成立，成员有名誉主任：丁文江、步达生；顾问：德日进；副主任：杨钟健；周口店野外工作负责人：裴文中。

丁文江也特别关心周口店的发现。由于在周口店发现了人牙化石，他于 1926 年 4 月 20 日在北京崇文门内德国饭店为安特生的荣誉和发现以及送别举行了一次宴会。他请的客人有：斯文·赫定、巴尔博、德日进、安特生、翁文灏、葛兰阶、葛利普、金叔初和李四光等中外地质学学者。菜单也是特制的，上边还印上了一个形似猿人、被称为"北京夫人"的头像，所有的客人都在菜单上签了名。

周口店的发掘实际上在 1927 年就开始了。当年地质调查所派地质学家李捷为地质师兼事务主任，瑞典古生物学家步林负责化石的采集和发掘工作，<u>当时步达生估计整个周口店的发掘工作能在两个月内完成。发掘之后才发现这个地点范围之大、埋藏之丰富、问题之复杂，大大超过了原来的设想。</u>那一年发掘土方近 3 000 立方米，发掘深度近 20 米，获得化石材料近 500 箱。在工作结束的前 3 天，步林还在师丹斯基找到第一颗人牙化石的不远处，又找到了 1 颗人牙化石。

步达生对这颗人牙化石进行了仔细的研究，发现它是一个成年人的左下第一臼齿，与师丹斯基发现的很相似。为此步达生给它命名为"北京中国人"（Sinanthropus pekinensis），后来我国古脊椎动物

点拨

反映了考古工作的不确定性和复杂性，这是科学探索中常见的情况。

学家杨钟健怕中国人看了后不容易理解，在"中国"两字之后加了个"猿"字，所以简称为"中国猿人"。后来葛利普给起了一个爱称叫"北京人"。魏敦瑞为研究北京人化石花费了很大心血，完成了几部巨著。随着古人类学的不断发展，猿人的名称被"直立人"所取代。1940年才改成"北京直立人"（Homo erectus pekinensis），简称"北京人"。

1928年第一季度过后，周口店的发掘又开始了。这一年李捷离开了周口店，由在慕尼黑大学师从施罗塞攻读古脊椎动物学并获得博士学位的杨钟健接替。杨钟健回国前曾去过瑞典乌普萨拉大学研究过周口店的化石，对这项工作很熟悉，而且他还任中国地质调查所的技师。主持周口店发掘和日常事务工作的是刚刚从北京大学地质系毕业的、年方24岁的裴文中。这一年发掘的堆积物达2 800立方米，获得化石500多箱。最令人欣喜的是发现了两件下颌骨：1件是女性的右下颌骨，另1件也是成人的右下颌骨，上边还有3颗完整的牙齿。下颌骨是人类化石中比较珍贵的材料，这使步达生感到非常兴奋，又向美国洛克菲勒基金会争取到了4 000美元的追加拨款。

通过"最令人欣喜"一词突出发现下颌骨对研究人员的重要意义。

经过两年的正式发掘，大家都感到周口店龙骨山有特别丰富的堆积。要想把它们都挖掘出来，短时期内不可能完成。而且要弄清龙骨山在地质学上的一些问题，还必须全面地了解周口店附近地区以及更广地区的地质状况。这些原因加速了"新生代研究室"的建立。"新生代研究室"将以更加广泛的综合研究计划来替代将要期满的周口店发掘计划。丁文江、翁文灏、步达生制订了研究方案、工作进度、资金预算，所需费用都由洛克菲勒基金会提供。1929年4月，中国农矿部正式批准了"新生代研究室"的组织章程，"新生代研究室"正式挂牌了。

1929年步林加入了西北考察团离开了周口店，杨钟健同德日进到山西、陕西一带进行地质旅行调查，周口店的发掘工作由裴文中主持。裴文中接着上一年挖掘的地层往下挖，去掉非常坚硬的第五层的钙板，到第六层时化石明显增多，第七层更是如此，一天之中就能挖到100多个肿骨鹿的下颌骨，而且化石都很完整。在第八、第九层找到了几颗人牙，其中有1颗是齿根很长、齿冠很尖的犬齿，以前没有见到过，这使裴文中干劲倍增。秋季的发掘从9月底开始，越往下挖洞穴越窄，裴文中以为到了洞底，突然发现在北裂隙与主洞相交处向南又伸展出一个小洞。为了探明虚实，裴文中身上拴着绳子亲自下洞去，洞中的化石十分丰富，这使大家又来了精神。这时已到了11月底，冬天已经降临，经常下着小雪，天气很冷。本来野外工作可以结束了，但见到有这么多的化石，裴文中临时决定再多挖几天。

1929年12月2日下午4时，太阳落山了，大家仍在不停地挖着。在离地面十来米深的小洞里更是什么也看不清，只好点燃蜡烛继续挖掘。洞内很小，只能容纳几个人，挖出的渣土还要一筐一筐从洞中往上运。突然一个工人说见到了一个圆东西，裴文中马上下去查看，"是人头骨！"裴文中兴奋地大叫起来。大家见到了朝思暮想的东西，此刻的心情真是难以形容。是马上挖，还是等到第二天早上？裴文中觉得等到第二天时间太长了，便决定当夜把它挖出来。化石一半在松土中，一半在硬土中。裴文中先将化石周围的孔挖空，再用撬棍轻轻将它撬下来，由于头骨受到震动，有点破碎，但并不影响后来的粘接。取到地面上，为了怕它再破碎，裴文中脱掉外衣，把它包了起来，轻轻地、一步一步地把它捧回住地。附近的老百姓跑来看热闹，见到裴文中这么小心地捧着它，一再问工人："挖到了啥？"工人高兴地答道："是宝贝。"回到住地，裴文中连夜用火盆将它烘干，包上绵纸，糊上石膏，再用火烘，最后裹上毯子一点一点捆扎好。第二天他派人给翁文灏专程送了信，又给步达生打了电报："顷得一头骨，极完整，颇似人。"步达生接到电报，欣喜之际还有点半信半疑。12月6日裴文中亲自护送，把头骨交到了步达生手中。步达生立即动手修理，当头盖骨露出了真实面目后，步达生高兴得到了发狂的地步。他说这是"周口店发掘工作的辉煌顶峰"。

12月28日，中国地质学会隆重召开特别会议，庆贺周口店发掘工作的突破性胜利，庆祝发现了中国猿人第一个头盖骨。会议由翁文灏主持，裴文中、步达生、杨钟健、德日进分别就发现头盖骨化石的经过以及有关中国猿人头盖骨及地质学研究等问题作了专题报告。与会的有科学界、新闻界等各方面的人士。在中国发现了猿人头盖骨的消息，通过媒体迅速传遍了中国，传遍了世界，它震动了整个世界学术界。贺电、贺信从四面八方飞向当时的北平，这其中就有美国古生物学界泰斗奥斯朋的贺电。当时，中国猿人头盖骨的发现成了北平街谈巷议的新闻。

点拨

通过细节描写，展现了裴文中对这件珍贵化石的精心呵护，也从侧面反映出这一发现的重要性。

点拨

生动地描绘了中国猿人（现称"北京猿人"）头盖骨发现所引起的轰动效应，凸显了这一重大考古发现的国际影响力。这句话简短有力，充分表达了作者当时激动的心情。

我是 1931 年春考进中国地质调查所的，被分配到新生代研究室当练习生。同时进调查所新生代研究室的还有刚从燕京大学毕业的卞美年。同年我们就被派往周口店协助裴文中搞发掘工作。在研究部门里，练习生虽属"先生"行列，但地位是最低的小伙计，买发掘用品、给工人发放工资、登记发掘记录、修理化石、装运化石、陪访问学者到各处查看地质，替他们背标本……总之什么活都得干，但我不觉得苦。只要有点时间我还和工人们一起去挖掘，对挖出来的动物化石，不懂就向工人请教，很快我就喜欢上了发掘工作。而裴文中看到我不懂的地方就耐心赐教，从不拿架子。卞美年一有闲暇，就带着我在龙骨山周围察看地质，不但给我讲解地质构造和地层，还教我如何绘制剖面图，我一直把他看作我的启蒙老师。从他们那里我学到了很多东西。他们还不时地给我一些有关的书看，当时古人类学和古脊椎动物学刚在中国兴起，国内还没有专门的教科书，书全是英文的，看不懂就向他俩请教，我进步得很快，也越来越爱这门学科了。

1934 年，患有先天性心脏病的步达生，因过度疲劳，在办公室内去世。1935 年，裴文中到法国去留学。领导推举我主持周口店的发掘工作，那时我刚刚晋升为技佐（相当于助理研究员）。

就在这一年，美籍德国犹太人、世界著名的古人类学家魏敦瑞来华接替步达生的工作。来华之前，他就认为周口店发现了头盖骨、下颌骨和许多牙齿，但人体的骨骼很少，是由于发掘的人不认识的缘故。他来华之后没几天，就到周口店检查工作，之后又接二连三地到周口店勘察地层，并仔细观察工人们挖掘化石的工作，又考了考我关于食肉类动物的腕骨与人的腕骨有什么不同，我详细地做了解答，他很满意。最后他对周口店的工作信服地说："这么细致的工作，不会丢掉重要东西，是可靠的。""这样的方法据我所知，在世界上也是最好的。"

1936 年周口店的发掘任务仍是寻找古人类化石。魏敦瑞来北京一年多了，除了一些人牙外，没见到其他重要的材料，心急如焚。其

阅读笔记

点拨

通过揭示当时发掘工作面临的困境，描述人物内心的焦急状态，制造出紧张的氛围，并为后文的转折埋下伏笔。

实我心中更是急得冒火，更使我们担忧的是，美国洛克菲勒基金会只同意再给 6 个月的经费，如果 6 个月后仍无新发现，洛克菲勒基金会可能会断绝对周口店的资助，新生代研究室也会散摊。此时，日本的侵华战争正在一步步向华北推进，中国地质调查所也随国民党政府南迁。已担任北平分所所长的杨钟健也为此事担心，三天两头地往周口店跑。他看到大家仍在兢兢业业、勤勤恳恳地工作，才放心了。

天无绝人之路。正当我们为找不到古人类化石而一筹莫展的时候，这一年的 10 月 22 日上午 10 点左右，当我们发掘到第八、第九层时，我突然看到两块石头中间，有一个人的下颌骨露了出来，我当时的高兴劲儿就别提了。我马上趴在现场，小心翼翼地挖了出来。下颌骨已经碎成几块，我们把化石拿回办公室修理、烘干、粘好，第二天送到魏敦瑞手中，他也高兴起来，长时间愁苦的脸上有了笑容。

下颌骨的发现，给大家带来了很大的鼓舞。11 月 15 日，由于夜间下了场小雪，上午 9 点才开始工作。干活不久，技工张海泉在临北洞壁由他负责的方格内挖到了一块核桃大小的骨片。我离他很近，问是什么东西，他说："韭菜（碎骨片的意思）。"我拿起一看，不由大吃一惊："这是人头骨！"我们马上把现场用绳子围了起来，只许我和几个技工在圈内挖掘，其余人一概不许进入。我们挖得非常仔细，连豆粒大的碎骨也不让遗落。在这半米多的堆积内，发现了很多头盖骨碎片。慢慢地，耳骨、眉骨也露了出来。这是个被砸碎的头盖骨，直到中午才把所有碎头盖骨全都挖了出来。接着又是清理、烘干、修复，把碎片一点一点对粘起来。

因为下颌骨的发现，有人断言"新生代研究室要时来运转了"。我们高兴的心情还没平静下来，下午 4 点 15 分时，在距上午头盖骨的发现处的下方约半米处，又发现了另一个头盖骨。与上午那个相仿，均裂成了碎片。由于天色已晚，我派 6 个人保护现场，同时拍电报给北平当局。杨钟健没在家，去了陕西老家。他的夫人听到信息，四处打电话找到了卞美年。卞美年第二天早晨急急忙忙地跑去找魏敦瑞，魏敦瑞还没起床，听到消息后，从床上跳了下来，连裤子都穿反了。他火烧眉毛似的带着夫人、女儿同卞美年一起，由他的朋友开着汽车赶到了周口店。当我们从柜子里拿出粘好的第一个发现的头盖骨时，魏敦瑞太激动了，手不住地发抖。他不敢用手拿，叫我们把它放在桌上，左看右看，看了个够。午后他又到发现第二个头盖骨的现场察看发掘情况，由于怕挖坏，挖掘的速度很慢。魏敦瑞只好带着第一个头盖骨返回了北平。第二个头盖骨的所有碎片直到日落西山才搜索完毕。11 月 17 日我带着第二个头盖骨返回北平，把它交给了魏敦瑞。

真可谓"柳暗花明又一村"。11 月 25 日夜里下了一场小雪，26 日上午 9 时，在发现下颌骨的地点之南 3 米、之下约 1 米的角砾岩中又找到了 1 个头盖骨。这个头盖骨比前两个都完整，连神经大孔的后缘部分和鼻骨上部及眼孔外部都有，完整程度是前所未有的。当我再次把它交给魏敦瑞时，他竟"啊"了一声，两眼瞪着，发了很长一会儿呆，才缓了过来。

11 天之内连续发现了 3 个头盖骨、1 个下颌骨和 3 颗牙齿的消息，再一次震动了世界学术界，全国和全世界各地报纸纷纷登载这一消息。12 月 19 日在中国地质学会北平分会上，魏敦瑞和我被邀请作了报告。魏敦瑞说："我们非常荣幸，因为中国猿人在最近又有新的发现：10 月下旬发现猿人下颌骨 1 面，并有 5 颗牙齿保存；11 月 15 日一天内，又发现猿人头盖骨 2 具及牙齿 18 颗；11 月 26 日更发现 1 个极完整之头盖骨。对于这次伟大之收获，我们不能不归功于贾兰坡君。"

以上说的只是北京人化石产地的发现。早在 1934 年我们也曾在北京人遗址附近的山顶洞发现了山顶洞人共 7 个个体，同时还发现了大量的装饰品。山顶洞人的头骨与现代人的头骨相比，没有什么明显的差异，是属于距今 1.8 万年左右的晚期智人化石。

点拨

"连裤子都穿反了"的细节描写使得人物更加真实、有趣，同时凸显了这一发现的重要性。

北京人头盖骨丢失之谜

阅读提示

北京人头盖骨，作为人类进化史上的璀璨明珠，曾震惊世界。然而，在战乱年代，这批珍贵的化石却神秘失踪。本文将带你走一段寻找之旅，一同探寻北京人头盖骨丢失背后的故事，感受科学家们对科学的执着追求。

点拨

巧妙地将个人经历、历史事件和读者兴趣结合起来，为整篇文章定下了基调。它不仅吸引了读者的注意力，也为后文提供了丰富的解读空间。

有关北京人化石丢失之谜，很多的报纸杂志都有过报道，本来与这本小书没有什么关系，可是这件事已经过去半个多世纪了，仍经常有人问起。这说明很多人对北京人化石丢失这件事情始终不能忘怀。1998年，我与其他13名中国科学院院士一起签名呼吁"让我们继续寻找'北京人'"，北京电视台、中国科学院等单位还共同发起了"世纪末的寻找"活动。所以就此机会，我还想占点儿篇幅再向读者简单叙说一下丢失的情况。

1937年"七七事变"，日本帝国主义全面侵华战争开始了，不久北平就被日军占领了。由于日美还没有开战，北平协和医学院仍在照常工作。当时所有在周口店发现的北京人化石、山顶洞人化石及一些灵长类化石，其中还有1个非常完整的猕猴头骨，都保存在协和医学院B楼解剖科的保险柜里。因为步达生和后来接替他的魏敦瑞都在那里办公。

1941年，日美关系越来越紧张，许多美国人及侨民纷纷离开中国。魏敦瑞也决定离开中国去美国纽约自然历史博物馆继续研究北京人化石。他走前曾嘱咐他的助手胡承志把所有的北京人化石的模型做好，先做新的，后做旧的，时间紧，越早动手越好。他还特别叮嘱胡承志说，在适当的时候，把所有的化石装箱，准备运往安全的地方保管。

大约在珍珠港事件❶前3个星期，魏敦瑞的女秘书希施伯格通知胡承志把化石装箱。胡承志在征得裴文中的同意后，找到解剖科技术员吉延卿开始装箱。

装箱时非常仔细，先把化石用绵纸包好，再用卫生棉和纱布裹上，外边再包一层白软纸放入小木盒内，盒内也垫上卫生棉，然后分门别类装入两只没刷过漆的大木箱内，木箱与木盒、木盒与木盒之间还垫上了瓦楞纸。两只木箱一大一小，装好后，只在木箱上分别注上A和B的标记，随后送到协和医学院总务处长、美国人博文的办公室，后来箱子又由博文转运到了F楼4号保险库内。<u>自此，北京人化石、山顶洞人化石及一些灵长类化石，其中还有1个极完整的猕猴头骨等全部没有了下落。</u>

据说，珍珠港事件前，有人原打算把这两箱化石交给美国驻华大使詹森，托他找人带到美国交给当时中国驻美大使胡适保管，待战后再运回中国。美国大使詹森不敢接收，因为中美双方在成立"新生代研究室"时有协议："不能把所发现的人类化石运往国外。"后来还是当了国民党政府经济部长（1948年任行政院长）的翁文灏写了委托书，詹森才同意接收。装有化石的箱子被送往美国海军陆战队，又由美国海军陆战队运往秦皇岛，准备搭乘美国到秦皇岛接送海军陆战队

 点拨

通过对细节的描写，展现了科学家们对文物的珍视，也为后续的悲剧事件埋下了伏笔，引发读者对历史的思考和情感共鸣。

❶ 珍珠港事件：1941年12月7日，日本海军突然袭击美国太平洋海军舰队基地——珍珠港，太平洋战争由此爆发。这次事件被称为"珍珠港事件"。

和侨民的"哈里森总统号"轮船，前往美国。但"哈里森总统号"轮船在从马尼拉开往秦皇岛途中，正赶上太平洋战争爆发，这艘船被日本击沉于长江口外，所以化石根本没有上船，负责携带这批化石的美国军医弗利在秦皇岛被日本军俘虏，从此这批世界文化瑰宝就失踪了。

日军占领了协和医学院后，日本就派了东京帝国大学人类学家长谷部言人和高井冬二两位助教来协和医学院寻找北京人化石。他们打开B楼解剖科的保险柜，看到里面装的全是化石模型，才知道北京人化石被转移了。日本宪兵队到处搜寻，很多人都受到了连累。协和医学院总务处长博文，甚至连推车送化石到F楼4号保险库的工人常文学都被捉进宪兵队进行审讯。解剖科的马文昭教授可算是"二进宫"，一次是为北京人化石，一次是为孙中山先生的内脏。其实这两件事都与他无关。裴文中在家中也受到讯问，并暂时没收了他的居住证。在那个时期，没有居住证是不能离开北平的，连上街行走都会遇到麻烦。

北京人化石丢失后，当时各大报纸都纷纷报道这一消息，再一次震惊世界学术界。日本天皇知道这一消息后，命令日军总司令部负责追查化石的下落，日本军部又派了一名特务，专门到北平、天津、秦皇岛调查此事，但均无结果。从此众说纷纭，谣言四起。

日本投降后，中国国民党政府派代表团寻找被日本侵略者掠去的文物，其中没有找到北京人化石的标本。1946年5月24日，中国代表团的负责人、中央研究院院士、考古学家李济在给裴文中的信中说："弟在东京找'北京人'，前后约5次，结果还是没找到。但帝大所存之周口店石器与骨器已交出，由总部保管。弟离东京时，已将索取手续办理完毕。"1949年4月30日，中国政府代表团团长朱世明向盟军总部递交了一份备忘录，附有一份详细的丢失化石的清单，请盟军对这批重要的科学标本协助进一步查询，仍是没有任何结果。

点拨

通过描述马文昭教授的经历，生动地展现了当时学术研究的艰难处境，以及科学家们所遭受的无妄之灾。

北京人化石的丢失，牵动着各界人士的心，好多人都自愿出钱出力，搜寻各种线索帮助寻找。但是绝大多数的线索没有任何价值。

1980年3月，我从瑞士驻华大使席望南处获悉，他认识当年准备携带北京人化石回美国的那位军医威廉·弗利博士。他非常愿意给弗利去信，就北京人化石丢失这件事叫弗利和我通信互相联系。弗利在给席望南大使的复信中说："请告诉贾兰坡教授，我对于寻找失落已久的标本仍然抱有希望。请他直接和我联系。"我很激动，因为珍珠港事件爆发后，弗利就成了日本人的俘虏。日本人后来一再声称他们并没把北京人化石弄到手，所以弗利就成了最后一个接触这批化石和掌握它们下落线索的关键人物。而多少年来，很多人想方设法来套取弗利有关这方面的"口供"，他对一些关键性的细节始终都守口如瓶。于是，我给弗利写了第一封信，表示愿意更多地了解有关北京人化石下落的情况。

1980年6月15日，我接到了弗利5月27日从纽约的来信："你那令人激动的来信我收到了。通过我们共同的朋友瑞士大使席望南的介绍，最后处理标本的科学家终于在多年之后和一位曾经受委托安全运送标本的官员相识了。<u>多年来，我一直希望有这么一天。我的目的之一，就是要在我有生之年看到北京人化石安全回归北京协和医学院。</u>……我确信它们没有被遗弃，而是被安全细心地保护着以待适当的时候重见天日。"

见了这封信，大家都很激动。瑞士大使对此事非常热心，打算请弗利秋季来华，并为他办理来华的一切手续。无奈因我9月份要出访日本，只好请弗利改期。而弗利以"贾先生推托，恐怕另有难言之隐"为由多次向美国华人、运通银行高级副总裁邱正爵表示，要他访华，除非由中国国家领导人发出邀请。但后来条件越来越降级，改为由"政府邀请""科学院邀请"，最后由邱正爵做工作，改为由我出面邀请。我对弗利的狂妄态度深感不安，他提出的要求也太

点拨

这段话不仅表达了作者个人的愿望，更反映了当时众多学者和民众对北京人化石的关注和重视。

过分。1980 年年底，邱正爵访华并与我见了面。他还亲自到天津找到了弗利当年居住过的房子，仔细察看了房子内的情况，发现房子基本上保持着弗利描述的样子。但邱正爵回国后向弗利追问化石是否曾藏在那间房里时，弗利不置可否。邱正爵对弗利的态度也大为不满。

我也曾看过弗利在《71/72 康奈尔大学医学院校友季刊》撰文介绍这段经历，说化石不多，大概装在一打左右的玻璃瓶里，我感到十分蹊跷，认为他见到的根本不是北京人化石。

他还说，他带着标本在秦皇岛等待登上美国轮船时，正赶上珍珠港事件，他被日军俘虏。因为他是医官，没有受到严格的检查，当把他们送往集中营时他还带着标本。当时不用说是个医官，就是再大的官也要接受检查呀！

我觉得弗利一点谱都没有，从此跟他断了联系。

1980 年 9 月中旬到 10 月初，纽约自然历史博物馆名誉馆长夏皮罗偕女儿访华，他听一位美国朋友告诉他，北京人化石曾藏在天津的美国海军陆战队兵营大院 6 号楼地下室的木板层下。他到了天津，在天津博物馆的协助下，找到了兵营旧址，这里已成了天津卫生学校，而 6 号楼在 1976 年唐山大地震时倒塌，已经改成了操场。据学校的工作人员说，这些建筑物的地下室从未铺过木板地。夏皮罗虽然还带着 1939 年拍摄的兵营建筑照片，但早已面目全非了。

1996 年年初，一位日本人在临终前，告诉他的朋友，说二战时丢失的北京人化石埋在距北京城外东 24 米处，即日坛公园神道附近，在一棵松树上还做了记号。这位日本朋友辗转地告诉了中国当局。虽然中国专家不太相信，但还是对"埋藏"地点进行了技术探测，发现有点异常。科学院副院长做出了"抓紧时间，严密组织，保障安全，快速解决"的决定。6 月 3 日上午正式动土发掘，前后近 3 小时，没有结果。探测异常可能是由于钙质结核层引起的。

北京电视台、中科院古脊椎动物及古人类研究所等单位发起的"世纪末的寻找"上了电视和报纸后，我又收到了很多提供线索的来信，但绝大多数的来信没有任何价值。日本的一家通讯社也来信说，他们听闻在北海道有些线索，准备派人前往调查，但后来也没任何信息。

北京人化石是国宝，也是属于世界的、全人类的，有很重要的科学价值。在我有生之年，我当然愿意再见到它们，这也是我们老一辈科学家的心愿。正像我们14名院士发出的"让我们继续寻找'北京人'"的呼吁所说的那样："也许这次寻找仍然没有结局，但无论如何，它都会为后人留下珍贵的线索和历史资料。并且它还会是一次我们人类进行自我教育、自我觉悟的过程，因为我们要寻找的不仅仅是这些化石本身，更重要的是要寻找人类的良知，寻找我们对科学、进步和全人类和平的信念。"

升华了对化石寻找的意义，强调了寻找过程中所承载的精神追求——人类的良知、对科学的信仰以及对和平的渴望。

阅读思辨

？1. 北京人头盖骨为什么会被称为"国宝"？它对科学有什么重要意义？

？2. 北京人化石丢失后，科学家们为了寻找它都做了哪些努力？

北京人是最早的人吗

—— 一场四年之久的争论

阅读提示

> 北京人，是我们祖先的远亲，也是人类历史上一颗璀璨的明珠。但关于北京人，还有很多未解之谜。两位中国科学家——裴文中和贾兰坡就北京人是否是地球上最早的人类展开了激烈讨论。他们的争论不仅让我们更深入地了解了北京人，也为我们揭开了古人类学研究的神秘面纱。

裴文中发现了第一个北京人头盖骨，他工作上勤勤恳恳，吃苦耐劳，我非常敬佩他。我在周口店协助他搞发掘时，一开始什么都不懂，他耐心地教我，从不拿架子，我也十分敬重他。自从发现了北京人头盖骨后，我俩在学术上产生了分歧。首先是关于有没有骨器的问题。1952年周口店建成了陈列馆，为了使周口店的发现能早日与参观者见面，我带领全体工作人员没日没夜地布置展台、填写标签。大家没有一点怨言，全体工作人员只有一个愿望：把陈列馆布置好，早日开放。我们的工作得到了竺可桢副院长和杨钟健的大力支持。预展之前，裴文中来了，当他见到展台里陈列着一些骨器时，大为恼火，问我这些是什么。我说："骨器。"他叫我们打开展台，一边乱扒一边扔，还说："这也是骨器？"原来布置得整整齐齐的展台，这下全乱套了。我红着脸争辩："您的老师和您自己都承认北京人也制作过骨器使用嘛！这些都是选出来打击痕迹很清楚的材料，怎么说它不是骨器呢？""那就等预展期间听听别人的意见再说吧！"等裴文中走后，我们又一件一件地把标本摆放好。

这件事传到了杨钟健的耳朵里，没想到这点小事杨钟健十分重视。他认为，对骨器的看法有分歧，就应把问题公开化，加以讨论。否则在一个陈列馆里各说各的，认识不统一，参观者更搞不明白，这就不像话。直到 1959 年，我才在《考古学报》第 3 期上发表了一篇题为《关于中国猿人的骨器问题》的文章。文章一开始，我对周口店关于骨器的研究、不同的意见和看法作了阐述。针对裴文中 1938 年发表于《中国古生物志》上的论著《非人工破碎之骨化石》所说的把碎骨分啮齿类动物咬碎、食肉类动物咬碎、食肉类动物爪痕、腐蚀纹、化学作用、水的作用等几点原因，摆出了我的看法。

关于被石块砸碎的问题，我在文中写道：

洞顶塌落下来的石块把洞内的骨骼砸碎是完全可能的。……砸碎的骨骼一般都看不出打击点，即或偶尔看出砸的痕迹，但它没有一定方向，而且又集中于一点上；同时被砸碎的骨骼，在它的周围还可以找到连接在一起的碎渣。

关于人工打碎的痕迹的问题，我在文章中说：

问题是在于打碎的目的是什么。有人认为：打碎骨骼是为了取食里面的骨髓。这种说法并非不近情理……那么，是不是所有人工打碎的骨骼都可以用这个原因来解释呢？我认为不能，因为有许多破碎的骨骼用这一原因就解释不通。

我们发现了很多破碎的鹿角，肿骨鹿的角虽然多是脱落下来的，但斑鹿的角则是由角根地方砍掉的。这两种鹿的角，多被裁成残段，有的保存了角根，有的保存了角尖。肿骨鹿的角根一般只保存12~20厘米长，上端多有清楚的砍砸痕迹；斑鹿的角根保存的部分较长，上下端的砍砸痕迹都很清楚，并且第一个角枝常被砍掉。发现的角尖以斑鹿的为多，由破裂痕迹观察，有许多也是被砍砸下来的。在肿骨鹿的角根上，常见有坑疤，在斑鹿的角尖上，常见有横沟，很可能是使用过程中产生的痕迹。

有一些大动物的距骨和犀牛的肱骨，表面上显示着许多长条沟痕，从沟痕的性质和分布的情形观察，可以断定它们是被当作骨砧❶使用而砸刻出来的。

破碎的鹿肢骨发现最多，特别是桡骨和跖骨，它们的一端常被打成尖状，有的肢骨还顺着长轴被劈开，一头再打成尖形或刀形。此外还有许多的骨片，在边缘上有多次打击的痕迹。

像上述的碎骨，我们不仅不能用水冲磨、动物咬碎或石块塌落来说明它，也不能用敲骨吸髓来解释……敲骨吸髓，只要砸破了骨头就算达到了目的，用不着打成尖状或刀状，更用不着把打碎的骨片再加以多次打击。特别是鹿角，根本无髓可取，更不能做无目的的砍砸。

对于被水冲磨的痕迹和被动物所咬的痕迹，我认为：

被水冲磨的碎骨很多……但是这种痕迹很容易识别……

动物咬碎的骨骼和人工打碎的骨骼虽然容易混淆，但仔细观察，仍可以区别开来，因为牙齿（多用犬齿）咬碎的常

---

❶ 砧（zhēn）：捶或砸东西时垫在下面的器具。

常保持着上宽下窄条形的齿痕，而这种齿痕又多是上下相对应的。

被啮齿类动物咬过的痕迹是容易区别的，因为它们都是成组的、直而宽的条痕，好像是用齐头的凿子刻出来的；条痕之间有左右门齿的空隙所保留的窄的凸棱，而且由于上下门齿咬啮，条痕是上下相对的。

裴文中对我的意见提出了反驳，他在《考古学报》1960 年第 2 期上发表了《关于中国猿人骨器问题的说明和意见》的文章。文章说：

我个人还有些不同意贾先生 1959 年的说法。我个人认为，打碎骨头，是因为骨质内部结构的关系，骨头破碎时自然成尖形或刀状。这不是中国猿人能力所能控制的，不是有意识地打成的。

……我个人不反对：周口店的一些碎骨上有人工的痕迹。就是最保守的德日进也承认鹿角上有被烧的痕迹，也有人工砍砸的痕迹。但是他认为是为了鹿头在洞内食用时，携入有庞大的鹿角进出洞口时不方便，而将鹿角砍砸下来的。他的意见是鹿角被烧了以后，容易砸落，烧的痕迹可以证明是为了砍掉鹿角而遗弃不食……

裴文中的文章最后说：

贾先生应该不会忘记自己所说的话："骨片之中，虽有若干是经过人力所打碎，但是有第二步工作的骨器极少，如果严格地说，连百分之一都不足。"

点拨

体现了学术争论的健康氛围。虽然两人观点不同，但都以学术为重，并没有影响到个人关系。

我与裴文中的争论，都是学术问题，观点不同而争鸣在学者之间是很正常的。有时争得面红耳赤，但不伤感情，我们得到稿费时，还经常一起到饭馆"撮"一顿。

经过对北京人化石和伴生出土的哺乳动物化石的研究，以及对出土化石层的绝对年代的测定认为，北京人是生活在 70 万～20 万年前，一般准确说法是 50 万～20 万年前，属于直立人。对北京人所使用的工具——石器、骨器进行的研究说明，他们打制的石器已经很好，并有不同的分类，这证明他们根据使用上的不同，已能打制出不同类型的石器。北京人还会使用火，并能使火成堆不向四周蔓延，这也证明了他们可以控制火。50万年前的北京人能一下就懂了这么多吗？这些经验是需要很长时间的实践和总结，一代一代传授下来的。那么北京人能是最原始的人吗？

我和山西省考古研究所的王建都有相同的看法。而裴文中则认为北京人是世界上最早的人类，不会再有比北京人更早的人类了。我们认为裴先生的看法是把古人类学关上了大门，不利于这门科学的发展。因而我们写了题为《泥河湾期的地层才是最早人类的脚踏地》的短论，发表在1957年第1期《科学通报》上。

泥河湾期的标准地点在河北省西北部的阳原县境内，为一个东西长近百米、南北宽近40米的湖相沉积，以前在国际上一直被认为是距今200万～100万年早更新世地层的代表。我们在文章中这样写道：

中国猿人的石器，从全面来看，它是具有一定的进步性质的。我们从打击石片上来看，中国猿人至少已能运用三种方法，即摔击法、砸击法、直接打击法（锤击法）。从第二步加工上来看，中国猿人已能将石片修整成较精细的石器。从类型上来看，中国猿人的石器已有相当的分化，即锤状器、砍伐器、盘状器、尖状器和刮削器。这种打击石片的多样性和石器在用途上的较繁的分工，无疑标志着中国猿人的石器已有一定的进步性质。虽然如此，但也不容否认，中国猿人的石器和它的制造过程还保留着相当程度的原始性质。

人类是否有一个阶段是用"碎的石子，以其所成的偶然状为工具"呢？肯定说是有的。但事实证明，这种人类不是中国猿人，而应该是中国猿人以前的、比中国猿人更原始的人类。假若没有这样一个阶段，就不可能有中国猿人那样的石器产生。因为事物是由简单到复

点拨

作者对北京人石器的分析非常细致，既肯定了北京人石器的进步性，又指出了其原始性，为后续的论证打下了基础。

点拨

作者通过这一设问，引出了关于人类早期工具使用的讨论。

杂、由低级到高级而发展的。同时很多事实表明，人类越在早期，他的文化进程越慢。那么中国猿人能够制造较精细的和种类较多的石器，这是人类在漫长岁月中同自然做斗争的结果。由此可见，与中国猿人时代相接的泥河湾期显然还应有人类及其文化的存在。

裴文中对我们的短论进行了反驳。1961年他在《新建设》7月号杂志上发表了《"曙石器"问题回顾》的文章。文章说：

> 至于说中国猿人石器之前有人工打制的"石器"，我觉得这种说法也难以成立。周口店第13地点的时代是要比第1地点较早一些，但周口店第13地点的石器，我们始终认为它仍然是中国猿人制作的。而且也只有1件石器，虽然它的人工痕迹没有人怀疑，但不能说是一种文化，或者说是中国猿人文化以外或以前的一种文化。更不能证明中国猿人之前，存在着另一种人类，如莫蒂耶所说 Homosinia（半人半猿）之类的人一样。

至于说中国泥河湾期（即更新世初期）有人类或有石器，我们应该直率地说，至今还没有发现同样的问题，也就是"曙石器"问题。在西方学者中曾争论了近百年，也有许多人尽了很大的努力寻找泥河湾期（欧洲维拉方期）的人类化石和石器，但没有成功。如果欧洲的科学发展程序可以为我们借鉴的话，我们除了在一些基本原则问题上展开"争鸣"，是否可以做一些有用的工作，如试验、采集工作？这比争论现在科学发展还没到达解决时间的问题，或比在希望不大的地层中去寻找有争论的"曙石器"，可能更有意义一些。

我和裴先生对北京人是不是最原始的人的争论，引起了很大轰动。《新建设》《光明日报》《文汇报》《人民日报》《科学报》《历史教学》《红旗》等报刊上都发表了对此争鸣的文章和意见。参加这场争

阅读笔记

鸣的人除了我和裴文中，还有吴汝康、王建、吴定良、梁钊韬、夏鼐（nài）等先生。大家都认为中国猿人不是最原始的人。

1962年，夏鼐在《红旗》第17期上，发表了《新中国的考古学》的文章，其中有这样一段话：

> 1960年山西芮城县匼河出土的石器，据发现人说，比北京猿人还要早一些。现在我们可以将我国境内人类发展的几个基本环节联系起来。最近，关于北京猿人是不是最原始的人这一问题，引起了学术界热烈的争鸣。有的学者认为，北京猿人已知道用火，可以说已进入恩格斯和摩尔根所说的人类进化史上的"蒙昧期中期阶段"，不会是最古老的、最原始的人。匼河的旧石器也有比北京猿人为早的可能。

到了这时，这场达四年之久的争论才算停止。虽然没有争出个子丑寅卯，但对这门科学是个大促进，它给这门学科也带来了很大的动力，大家为了寻找比北京人更早的人类遗骸和文化，拼命地工作，并为这门学科的发展带来了新的曙光。

点拨

总结了这场争论的意义。虽然没有得出最终的结论，但这场争论激发了学者们的研究热情，推动了中国古人类学的发展。

阅读思辨

? 1.为什么科学家们会对北京猿人使用骨器有不同的看法？

? 2.北京猿人是否是最早的人类？如果不是，那更早的人类可能会有哪些特征呢？

找到了比北京人更早的人类化石

　　从山西丁村到匼河，再到陕西蓝田，以及云南元谋、四川巫山和安徽繁昌，科学家们不断追寻着人类历史的源头。他们以严谨的科学态度，在一次次的发掘中，找到了比北京人更早的人类化石和文化遗迹，为我们揭开了人类起源的神秘面纱。

点拨

明确表达了作者对科学探索的严谨态度，强调以事实为依据，勇于承认错误，不断追求真理的科学精神。

　　对待科学的态度，我认为人的头脑要围着事实转，不能让事实围着自己的头脑转。对的就要坚持，不管你面对的是外国的权威，还是中国的权威。错了就要坚决改，不改则会误人、误己。

　　科学是要以事实为依据的，争来争去，没有证据也是枉然。

　　1953年5月，山西省襄汾县丁村以南的汾河东岸，一些工人在挖沙时，发现了不少巨大的脊椎动物化石。山西省文物管理委员会接到报告后，派王择义前往调查。在县政府的协助下，征集到了1.1米长的原始牛角、象的下颌骨、马牙等动物化石，还有一些破碎的石器、石片和很像是人工打制的带有棱角的石球。同年，中科院古脊椎动物研究室的古脊椎动物专家周明镇到山西了解采集的脊椎动物化石的情况。他见到了这些石片，认为有人工打击的痕迹，就把动物化石和石片等都带到了北京，准备进一步研究。旧石器除周口店外，在我国发现很少，大家见到周先生带回的材料非常高兴，并把夏鼐、袁复礼等专家请来，一是观看标本，二是讨论丁村地点是否应该发掘。结果大家一致同意把丁村发掘工作作为 1954 年古脊椎动物研究室的工作重点。1954 年 6 月，裴文中与山西省文管会的王建又到丁村进行了复查。由我任发掘队队长，裴文中、吴汝康、张国斌及山西省的王建、王择义等人参加，9 月下旬到丁村开始发掘。我们先进行了普查，共发现了化石点 9 处，编号为 54:90~54:98。后又在附近发现了 5 处，编号为 54:99~54:103。前后共发现了 14 处。我们只选择了 9 处地点发掘，重点集中在 54:98、54:99 和 54:100 三个地点。我们共计发掘了 52 天，挖土方 3 320 立方米，共采集包括蚌壳、鱼、哺乳动物化石、石器等 40 余箱。在 54:100 地点还发现了 3 颗人牙。后经吴汝康先生研究，认为人牙属于北京人与现代人之间的人类——丁村人。石器经我和裴文中研究，就时代而论，比周口店中国猿人（北京人）文化及第 15 地点的文化较晚，即属更新世晚期。但丁村文化是我国发现的一个旧石器时代晚期文化，无论在中国和欧洲，以前都没有发现类似文化。最初我们推论丁村文化是山顶洞人和北京人之间的一个环节，我们把各地点的石器都作为同一个时期的石器来看待。随着进一步研究，才发现各地点的时代并不相同，各地点的石器类型也不一致。

丁村旧石器遗址的发现，证明了旧石器文化在中国有着不同的传统，并非只有周口店北京人一种传统。丁村人的时代也比北京人的时代晚。虽然还没找到比北京人更早的人类化石和文化，但这对于这门学科也是可喜可贺的。

1957 年和 1959 年，为了配合三门峡水库的建设，中国科学院古脊椎动物与古人类研究所（新中国成立后，新生代研究室归属中国科学院，在新生代研究室的基础上，1953 年建立了中国科学院古脊椎动物研究室，1957 年改为现名）在那一带做了许多工作。从发现的材料看，那一带是研究第四纪地质、哺乳动物化石和人类遗迹的重要地点。1960 年，我们把匼河一带作为年度工作重点，同年 6 月我带队前往发掘，重点定为 60∶54 地点。那里的地层剖面很清楚，最下面的是淡褐色黏土，时代应为距今 100 多万年的更新世早期。在这层上面含有脊椎动物化石和旧石器的桂黄色的砾石层，有 1 米厚；往上是 4 米厚的层次不平的交错层；再上是 20 米厚的微红色土，夹有褐色土壤和凸镜体薄砾石层；最上面是很晚的细沙和沙质黄土。在这里我们发现了扁角大角鹿、水牛、师氏剑齿虎等哺乳动物化石。发现的石制品是以石片为主，有大小石片和打制石片剩下来的石核以及一面或两面加工过的砍斫器等。扁角大角鹿在周口店北京人地点最下层和第 13 地点也发现过，根据这种动物的生存年代和绝种年代，我们认为匼河地点的时代应划为更新世中期的早期。从石器上观察，北京人的石器在制作技术上比匼河发现的石器有进步。尽管匼河的石器也有早晚之分，我们都按同一个时代看待它们，无疑匼河的石器要早于北京人使用的石器，至少 60∶54 地点的发现是如此。

虽然我们把重点放在匼河，但仍派出一部分人在附近搜寻新地点。在距匼河村东北 3.5 千米、黄河以东 3 千米的西侯度村背后，当地人称为"人疙瘩"的一座土山之下的交错沙层中，我们发现了 1 件粗面轴鹿的角，粗面轴鹿生活在 200 万～100 万年前。在发掘粗面轴鹿角的过程中，还发现了 3 块有人工打击痕迹的石器。为了慎重起见，我们在《匼河》一文中，只说："其中还发现了几件极有可能是人工打击的石块。" 1961 年的 6 月至 7 月间和 1962 年春夏之际，王建又主持了两次发掘，发掘都是在全国都处在生活极端困难的情况下进行的。西侯度地点的地层剖面十分完整，总厚 139.2 米。产化石和石器的地层位于距底部 79 米之上的交错沙层中，有 1 米左右厚。从剖面就能看出，含化石和石器的地层属于更新世早期。发现的哺乳动物化石有剑齿象、平额象、纳玛象、双叉麋鹿、晋南麋鹿、步氏真梳鹿、山西轴鹿、粗壮丽牛、中国长鼻三趾马等，它们都是更新世早期的绝灭种。与化石同层发现的石器，除 1 件为火山岩、3 件为脉石英外，其余都是各种颜色的石英岩。在石器组合中，有石核、石片、砍砸器、刮削器和三棱大尖状器，最大的石核有 8.3 千克重。我和王建在研究了这些石器后，写了《西侯度——山西更新世早期古文化遗址》一书。

西侯度遗址的发现，使更多的人确信北京人不是最早的人类，这从文化遗存上得到了证实。能不能找到 100 万年前的人类化石呢？

1959 年，地质部秦岭区测量大队的曾河清在一次三门峡第四纪地质会议上，介绍了陕西省蓝田县泄湖镇的一个第三纪和第四纪的剖面。同年，中国科学院地质研究所的刘东生先生也到泄湖镇采集脊椎动物化石标本，并对第三纪地层做了划分。根据这条线索，中国科学院古脊椎动物与古人类研究所于 1963 年 6 月派出张王萍、黄万波、汤英俊、计宏祥、丁素因、张宏等 6 人组成的野外工作队，到蓝田县一带，开展了系统的地质古生物调查和发掘。7 月中在距蓝田县西北 10 千米的泄湖镇陈家窝村附近发现了一个完好的人类下颌骨和一些石器。下颌骨经吴汝康先生研究是距今 60 万～50 万年的直立人下颌骨。吴先生定名为"蓝田猿人"。这一发现提高了蓝田地区在学术上的重要地位。

1963 年第四季度，全国地层委员会扩大会议在北京举行。会上提出中国科学院古脊椎动物与古人类研究所与其他单位协作，再次对蓝田地区进行大范围的新生代（从六七千万年前到现在）时期的地层进行详细调查。参加这次调查的有地方部门、大专院校和中国科学院有关研究所共 9 个单位，对这一地区的地层、地貌、冰川、新构造、沉积环境、古生物、古人类和旧石器考古等学科涉及的领域进行综合性的考察和研究。古脊椎动物与古人类研究所除了参加地层调查工作外，还承担古生物、古人类和旧石器的发掘和研究。

1964 年春，所里派遣了以我为队长、由赵资奎等人组成的发掘

点拨

提出问题，引起读者兴趣。这段话表明当时学术界对更古老人类化石的探索热情，以及蓝田地区成为研究焦点的背景。

队，对蓝田地区新生界进行了更大规模的调查和发掘。经过 3 个月的努力工作，我们不仅填制了 450 平方千米的 1：50 000 新生代地质图，实测了 30 多个具有代表性的地质剖面，还发掘出大量的脊椎动物化石和人工石制品。5 月 22 日在蓝田县城东 17 千米的公王岭发现了 1 颗人牙。当我赶到发现地点，天下着小雨，大家正围着大约 1 立方米被钙质结胶的土块商量。土块上露出了很多化石，化石很糟朽，一不小心，会把化石挖坏。能否整块地运回北京，再慢慢地修理？经过讨论，大家决定用"套箱法"，即用大木箱将土块套起来，再将土块底部挖空，把箱子扶正，往空隙处灌上石膏。这一箱被钙质结胶在一起的化石运回北京后，经过技工几个月的修理，除了修出来哺乳动物化石，10 月 19 日还修出了 1 颗人牙。几天后又出现了 1 个人的头盖骨、上颌骨和 1 颗人牙。

人类化石经吴汝康先生研究认定是 110 万年前的直立人头骨。吴先生也把它定名为"蓝田中国猿人"。其实公王岭的头骨应称"蓝田直立人"，简称"蓝田人"，而陈家窝的下颌骨从构造看应属北京人。

蓝田直立人的发现，又一次在国内外引起轰动，这是继 20 世纪 20 年代末、30 年代中期周口店发现了北京人之后，在我国发现的又一个重要的直立人头骨化石。它不仅扩大了直立人在我国的分布范围，而且把直立人生存的年代往前推进了五六十万年，从而给在我国有没有比北京人更早的人的争论画上了圆满的句号。

随之，1965 年在我国的云南省元谋盆地上那蚌村附近的小丘梁发现了 2 颗人的上门齿，经研究测定，为 170 万年前的直立人化石。1998 年在四川省巫山县（今属重庆市）的龙骨坡也发现了 200 万年前的石器，安徽省繁昌县也发现了 240 万～200 万年前的石器。这证明了人类的历史越来越提前。

点拨

强调了蓝田直立人发现的重大意义，这一发现不仅丰富了我国的古人类学研究，也为研究人类起源提供了新的证据。

人类起源的演化过程

阅读提示

本文详细介绍了蓝田猿人的发现过程及其学术意义，并通过对人类起源与演化进行深入探讨，展示了从最古老的灵长类到现代人类的演化历程，揭示了多个重要的古人类化石的发现对研究人类演化的重大贡献。

周口店发现了北京人头盖骨之后，人们对人类起源的认识大为改观。过去反对人类起源于猿，说"人就是人，怎么能是从猿猴变来的呢"的那些人沉默了。在周口店不但发现了人的头盖骨，而且还发现了人工打制的工具——石器以及骨器、鹿角器、灰烬、烧石、烧骨等人为的证据。我曾说过这样的话："北京人解放了其他国家所发现的早期人类化石。"

随着社会不断地前进，古人类学和旧石器考古学不断地壮大和发展，许多珍贵的人类化石和他们使用的石器在世界各地不断地被发现，古人类学基本上已经能够较完整地向人们展示人类演化的历史全过程。尽管在人类进化过程中仍存在很多缺环，有些问题还有很大的分歧和争议，但人类起源于猿再没有人反对了。

既然人是从猿进化来的，人猿同祖，那么，人、猿、猴的祖先又是什么样的呢？这就要先了解灵长类的起源。

点拨

过渡段，从对猿人的探讨自然过渡到对灵长类起源的探讨，引出下文的相关论述。

最古老的灵长类，也就是人类及现代所有猿猴的共同祖先，可上溯到6500万年前的古新世。这种动物不像猴，倒像松鼠，是爱在地上乱窜、专门以昆虫为食的胆小哺乳动物。在古新世，地球上到处都是热带森林，在这大片的森林中有很多很多外形像老鼠的哺乳动物，像今天的田鼠、鼹鼠、豪猪等都是它们的近亲。可能树上的食物比地上丰富，有一些像老鼠一样的早期哺乳动物开始爬上了树，以果实、昆虫、鸟蛋及幼鸟为食。今天仍有这种早期灵长类的后裔，称它们为"原猴"，其中包括狐猴和眼镜猴。这些原猴几千万年以来，体型骨骼几乎没什么变化，因为它们非常适应这样的生活环境。但是另外一些种类的原猴变化很大，它们随着环境、气候或其他与之生存相关的动物的变化，可能影响到物种的演变。<u>这种变化大的原猴，由于树栖生活的缘故，它们的后肢变长，前爪渐渐失去了像鼠类那样的尖爪，变成了扁平的指甲。</u>以后它们出现了特有的神经系统，能控制肌肉运动。特别是立体视觉的产生，大幅度地转动脑袋，能准确地判断距离。大脑不断地频繁处理从感觉器官传来的信息，并指挥四肢运动，所以大脑的进化和相对体积也都比其他动物大。到了3800万年前的始新世晚期至渐新世早期，至少已经有了较为高等的灵长类。

有一种叫"副猿"的灵长类，它的颌骨和牙齿与现代原猴类相近，是现代的眼镜猴或狐猴的祖先；还有一种叫"原上新猿"，它们身体的大小和一些结构细节与长臂猿相近；再有一种叫"埃及猿"，它的牙齿结构是典型的猿类，行动方式上也显示出了高等灵长类的特点。这类灵长类化石被发现于1966年埃及法尤姆，大约3200万年前的渐新世地层中，被一些科学家认为很可能是人和猿的共同祖先。

在亚、非、欧三大洲距今2000万~1400万年的中新世地层中，出土了许多被称为森林古猿的化石。1956年，在我国云南省开远小龙潭的煤层中发现了一些牙齿，也被定为森林古猿。森林古猿的化石发现很多，且与黑猿较相似，但一些特征很像猴子。人们发现森林古猿

点拨

　　具体描述了原猴在适应树栖生活中的身体变化，这都是自然选择产生的结果。

的个体差异很大，有的很小，有的很大，有的在大小之间。一些科学家认为人类有可能是由某个地方的森林古猿种群演化来的。

1932 年，美国古人类学家路易斯在印度和巴基斯坦交界处的西瓦利克山发现了一件中新世晚期的灵长类右上颌残片，将它称为"拉玛古猿"。它的齿弓不像其他猿类那样呈两侧缘，而几乎是平行的 U 形，显示出似人类的抛物线形。猿类有很长的犬齿，而人类的犬齿很小，拉玛古猿的犬齿也很小。拉玛古猿的生存年代估计在 1 000 万～800 万年前。与拉玛古猿伴生在一起的还有另一种猿类化石，被称为"西瓦古猿"。它与拉玛古猿很相似，只不过拉玛古猿具有一些似人的性状。从 20 世纪 50 年代以来，一些专家把拉玛古猿看作人类演化中最古老的猿类祖先，曾被称为"尚不懂制造石器的人类的猿型祖先"。也有一些学者认为拉玛古猿和西瓦古猿是同一类古猿，只是性别的差异。而拉玛古猿与人无关，只是亚洲的褐猿的直系祖先。

到目前为止，究竟哪类古猿是人和猿的共同的祖先，还没有定论，众说纷纭，有待于新的材料的发现和更深入的研究。

1924 年，在南非（阿扎尼亚）的塔昂，采石工人发现了一具似人又似猿的残破头骨，经南非约翰内斯堡维特瓦特斯兰德大学解剖学教授利芒德·达特的研究，认为这是 6 岁左右的幼儿头骨，全套乳齿保存完整，臼齿的恒齿已开始长出，犬齿像人一样小，并能直立行走。这具塔昂幼儿头骨可能代表了猿与人的中间环节，被定名为"非洲南猿"。1925 年，达特在英国《自然》杂志宣布了这一发现，声称找到了人类的远祖。但是，在当时这一发现遭到了各方面的怀疑而被埋没了很多年。南非比勒陀利亚特兰斯瓦尔博物馆脊椎动物馆馆长罗伯特·布鲁姆认为达特的判断是对的，只不过没有足够的证据。他经过多年的不懈努力，终于找到了不少南猿的化石材料。这些南猿化石有两种类型，一种叫"纤细型南猿"，一种叫"粗壮型南猿"。而且南猿能直立行走，是早期人类的祖先。

在以后，非洲有很多地方发现过南猿化石。如南非的塔昂、斯特克方丹、克罗姆德莱、斯瓦特克兰斯、马卡潘斯盖等，东非坦桑尼亚的奥杜威峡谷、肯尼亚的图尔卡纳湖东岸、埃塞俄比亚的奥莫河谷等地区都有发现。亚洲南部也有可能找到他们的踪迹。

1974年在埃塞俄比亚的哈达地区找到了一具保存达40%的骨架遗骸。这是一种十分矮小纤细的南猿，被称为"露西少女"。这是一种新的、更古老、更原始的南猿，被定名为"南猿阿尔法种"，经年代测定，生活在330万～280万年前。此后又掀起了寻找人类祖先的高潮。

肯尼亚内罗毕柯林顿纪念博物馆的馆长路易斯·利基夫妇及儿子、儿媳，多年来一直为寻找人类的远祖和石器的制造者默默地在东非工作着。1950年，老利基夫妇在东非坦桑尼亚奥杜威峡谷找到了一个头骨。这个头骨从外表上看很像粗壮南猿，臼齿很大，但仔细观察牙齿更像人的。利基将它定名为"东非人鲍氏种"。后来这具头骨归属南猿类的一个种叫"南猿鲍氏种"。1959年，利基夫妇又在奥杜威找到了简单的、用鹅卵石制造的工具，被称为"奥杜威工具"。1960年，利基的儿子又在东非距发现东非人不远的地方发现了牙齿和骨片，这些比鲍氏种甚至比纤细型南猿更具有人的特点。利基将这具化石定为"能人"，认为这些"能人"是石器工具的制造者。这一看法被大多数学者接受。

根据目前发现的化石材料看，学者们对人类的早期演化得出了大概的轮廓：

1. 人与猿至少在500万年前就分道扬镳了。

2. 400万～250万年前，远古人类在进化过程中，分成不同的几支，先进的与落后的并存。

3. 先进的一支继续向着直立人发展。落后的类型逐渐地灭绝。

能人再进一步进化，就成了直立人，他们生活在170万～30万年

点拨

这段文字起到了总结和引导的双重作用，让读者能够更好地理解人类的起源和进化过程。

前。过去将他们称为"猿人"，比如"爪哇猿人""中国猿人"（也称"北京猿人"）"蓝田猿人"等。实际上现在看来直立人是人类在进化过程中的一环，他们会打制不同用途的石器，有使用火的文明史，而且脑量已达 1 000~1 300 立方厘米；下肢与现代人十分相似，说明其直立姿态已很完善。所以我们现在将他们称为"人"，如北京人、蓝田人、元谋人等。虽然把这一阶段的人在学术上称为"直立人"，但并不能说明南猿和能人不能直立行走。在人类起源整个过程中，人们最初对于直立人（猿人）的全面认识，主要来自"北京人"的发现及对其文化的研究。所以 1929 年，裴文中在周口店发现的第一个北京人头盖骨在研究人类起源过程中占有重要的地位。

前面我们已经介绍了直立人发现的经过。直立人再进化就到了智人阶段，他们生活在 20 万~1 万年前，智人特别是晚期智人与现代人在体质上基本上没有多大的区别。

阅读笔记

阅读思辨

? 1.为什么人类要从树上下来，开始在地面上生活？

? 2.人类在进化过程中，最重要的变化是什么？

? 3.如果我们能穿越时空，回到过去，你想见见哪一种古人类？

人类使用工具
也是人类起源的证据

阅读提示

你有没有想过，为什么只有人类会制造并使用工具？从石器时代粗糙的石块，到现代精密的机器，工具一直伴随着人类文明的发展。本文将带你走进人类历史的深处，探寻工具背后的故事，揭示工具如何塑造了我们人类。

点拨

这是本文的核心论点，作者以此为基点，展开对人类进化过程的论述。

人是从猿进化来的，人与猿的真正区别在于人会制造工具。所以我一直认为，在从猿向人类演化的过程中，只有能制造工具时，他们才算是人。

由于气候和环境的变化，热带和亚热带的森林逐渐减少，丰富的地面食物促使古猿从树栖生活开始向地栖生活转化。为了取食、防御猛兽的侵害、谋求生存和发展，它们不得不借助其他物体，来延长自己的肢体，弥补自身的不足。频繁地使用木棍和石块，慢慢地成了地面生活不可缺少的条件，这也意味着从猿到人的转变过程随之开始了。这些人科动物因频繁使用天然物，上肢逐渐从支撑身体的功能中解放出来，形成了灵巧的双手。上肢变短，拇指变长并能与其他四指相对，以便灵巧地捏、拿、握任何物体。整个下肢增强、变长，为了适应地面行走，大脚趾与其他四趾变短并靠拢，脚底形成有弹性的足弓和发达的后跟，逐渐形成了人的腿和脚。

特别是骨盆的变化更大，猿的半直立的狭长的骨盆开始向短宽强壮的人类骨盆发展，这说明人科动物正在向人的直立姿势进化。直立的姿势对身体结构也产生了一系列的深刻影响，例如，头部挺起来了，不再向前倾，颅骨的枕骨大孔位置由后逐渐前移；身体重心不断下移，脊柱逐渐形成 S 形弯曲；内脏器官的排列方式改变，大部分重量不压在腹壁上，而朝下压在了骨盆上，等等。

人与灵长类的区别，表现在直立行走、制作和使用工具、有发达的大脑和语言上。双手使用天然工具，促使身体朝着直立发展，而直立又反过来进一步解放了双手。随着思维活动的增强，大脑也逐渐发达起来，脑量增加了。产生了原始语言，也增强了自觉能动性。从使用天然工具逐步变成了制作适手的工具，最后到制作各种不同用途的工具，从猿到人的演化已经基本完成了。所以说古人类使用的工具，也是人类起源的最有力的证据。而古人类使用的石器和其他物品均称为"物质文化"或"文化"。早期人类由于认识能力和技术水平很低，当他们需要找比较坚硬的材料制作工具时，最现成的原料就是石头。石头取材方便、加工简单，何况在不会制作石器之前，他们就使用天然石块做武器或工具了。随着对石块认识的加深，他们开始有选择地使用带刃的、较为锋利的石块，用钝了就扔。人类活动的频繁和复杂化，使人类懂得了制作简单的工具。随后对原材料的选择也有了进一步的认识。石器的加工也日益精致，最后能按不同的用途加工成各种各样的形状。

石器加工的粗糙与精致，除了技术原因，原材料也是一个很重要的因素。古人类所处的生活环境中，有优质的原材料，就能打制出很精美、很锋利的石器；没有优质的原材料，打制出的石器就很粗糙。为了寻找优质材料加工石器，他们把选择优质石料作为一项重要的采集工作，或把优质石料的产地当作他们的采集场或石器加工场。

目前，根据对旧石器时代的石器的发现和研究、比较，石器可以分成砍砸器工艺类型、手斧工艺类型、石片（石叶）工艺类型。砍砸器和手斧类型多是重型工具，石片（石叶）类型则是轻型工具。有些学者认为重型石器多为住在森林中的人使用，工具的用途以砍伐树木、敲砸骨头和坚硬的果实为主；轻型工具（最小的不足 1 克，大的也只有 10 多克）可能为草原中人所使用。按这种说法推论，同一地点发现的石器有大有小，就是居住的环境既有森林，也有草原了。北京人当时在周口店居住的环境就是如此，所以其地点发现的石器有大也有小。

世界各地发现的石器各不相同，这只是从总体上来看的，相同的类型有时也有，只是比例上有大有小而已。欧洲发现的石器多是用石核或厚石片两面打成的，又称作"两面器"。这种石器在欧洲占有主要的地位。我国的石器多数是石片再加工成的，虽然也有石核打制成的石器，但比例不大。相反，在欧洲发现的石器虽然也有石片石器，但为数较少，在打击石片、制作方法和器形上也与我国的不同。

随着人类历史的发展，人们认识到了强化生产活动和工具使用的效率这个问题。旧石器时代的中晚期已有磨光石器被零星使用，磨光石器一直被认为是新石器时代的代表性物品。磨光石器一般被认为与砍伐树木、开田务农有关。虽然打制的石斧也能砍伐树木，但很容易变钝，需要经常修理，而修理后的石斧又不如原来的锋利，大大影响了工具的使用寿命。经过磨光后的石器，表面光滑，刃口平直，砍伐时的阻力比不磨光的小得多。虽然磨光一件石斧要比打制一件石斧花费的时间要长得多，费力也多，但它们的使用寿命也长，使用时也很省力。有一项试验表明，一件磨光的石斧在 4 个小时里砍伐了 34 棵树之后，刃口才变钝。随着农业的出现，在农耕中采用磨光的石锄和石锛❶有着极大的优越性。从此以后磨光石器应运而生。

点拨

通过对比欧洲和中国的石器类型，说明了不同地区石器发展的差异性，揭示了石器与地域环境、文化背景的联系。

---

❶ 石锛（bēn）：磨制石器的一种，是新石器时代和青铜器时代主要的生产工具。

长期以来，把磨光石器作为新石器时代的代表器物的同时，也把陶器视为新石器时代的一种标志。陶器的发明和使用，与人类农耕定居活动有着密切的关系，也与人类生活方式的变化有关。陶器的功能一般用于贮藏和炊煮食物。但在陶器发明之前，在旧石器时代晚期，制陶技术就已经出现，那时只是用焙烧方法制作陶像，还没想到用这种方法也能烧制容器。制陶工艺在距今 28 000~24 000 年开始出现，而陶器的出现要晚 14 000 年左右。

如何划分旧石器时代和新石器时代，学术界现在还没完全统一意见。有的学者在旧石器时代和新石器时代之间又划出一个"中石器时代"，但我并不赞成这种划分。我国早在 28 000 年前就有了磨制技术，农耕的出现也比估计的要早。13 000 年前就发现了陶片，所以我认为陶制品就是很好的凭证，只要有了陶器，那么就可以称为新石器时代了。

阅读笔记

阅读思辨

? 1.为什么工具的使用对人类的进化如此重要？

? 2.你能举例说明古人类是如何利用石器来改善他们的生活的吗？

人类诞生
在地球历史上的位置

阅读提示

> 我们的地球已经有几十亿年的历史了！在这漫长的时间里，地球经历了沧海桑田，孕育出了无数的生命。而我们人类在地球上出现的时间却仅仅只是一瞬间。让我们一起穿越时空，去探索人类在地球历史中的位置吧！

人类进化的历史已经有几百万年了。但与地球的历史相比较，也只不过是很短很短的事。尽管早期的人类化石材料不断地被发现，人类的历史也越来越提前，根据我个人的观点，人类的历史已经有400万年了，但与地球的历史相比也只是一瞬间。

现在探索的结果，地球的形成已有45亿~50亿年了。根据地史学的研究和国际上的统一规定，整个地球的历史分为五个大的阶段，这五大阶段称作"代"：太古代、元古代、古生代、中生代、新生代。每个代再分成若干个次一级的单位，叫作"纪"；每个纪再分成若干个再次一级的单位，叫作"世"。还有的国家和地区，把"世"又分成若干"期"。

太古代，地球形成之后，很长一段时间内是没有生命的，生命还

点拨

这段文字清晰地介绍了地球历史的分期体系，为读者提供了一个整体框架，方便后续对各个时期的详细了解。

处在化学进化阶段，这个年代距离我们今天太遥远了。

元古代，大约17亿年前，地壳发生了一次大的变动，生物界出现了一次大的飞跃，生命从化学进化阶段一跃而进入了生物进化阶段，有生命的物质开始出现。元古代又分成前震旦纪和震旦纪。元古代的早期叫作前震旦纪，晚期大约开始于8亿年前，结束于5.7亿年前，叫作震旦纪。

古生代，大约在5.7亿年前，地球的环境又发生了一次大的变动，促使生物界出现了一次空前的大飞跃，大量的古代生物开始出现在地球上。古生代分成了6个纪：寒武纪，始于5.7亿年前，结束于5亿年前；奥陶纪，始于5亿年前，结束于4.4亿年前；志留纪，始于4.4亿年前，结束于4亿年前；泥盆纪，始于4亿年前，结束于3.5亿年前；石炭纪，始于3.5亿年前，结束于2.85亿年前；二叠纪，始于2.85亿年前，结束于2.3亿年前。

中生代，大约在二叠纪末期，由于环境适宜，地球上的脊椎动物大量涌现，特别是爬行动物空前繁盛。各种"龙"特别多，水中有鱼龙，空中有翼龙，陆上有各种恐龙，所以中生代又称为"龙的时代"。中生代划分为三个纪：三叠纪，始于2.3亿年前，结束于1.95亿年前；侏罗纪，始于1.95亿年前，结束于1.35亿年前；白垩纪，始于1.35亿年前，结束于6700万年前。

新生代，在中生代末期，地球的气候突然发生变化，也有人认为是彗星撞上了地球，植物大量毁灭，引起了生物界的连锁反应，以植物为生的动物大批大批灭绝，又给以食肉为生的动物带来了死亡的威胁。总之，在地球上称霸一时的各类恐龙大批灭绝，而在中生代出现的一支弱小的哺乳类动物，得到了生存和发展的机会，派生出很多支系，使地球上的生物出现了一个崭新的面貌，地球也进入了一个更加繁荣的新时代。新生代分两个纪：第三纪和第四纪。第三纪又划分五个世：古新世、始新世、渐新世、中新世、上新世。第四纪分为两个

世：更新世和全新世。

人类是在第四纪开始出现和进化的，比起地球的历史当然是一瞬间的事。有一位科学家打了一个通俗的比喻，如果把地球的历史比作一天的 24 小时，那么 1 秒相当于地球历史的 5 万年。按现今的发现，把人类的历史按 300 万年计算，人类的出现只相当于 24 小时的最后一分钟。

午夜零点	地球形成
5 时 45 分	生命起源
21 时 12 分	鱼类产生
22 时 45 分	哺乳类动物出现
23 时 37 分	灵长类出现
23 时 56 分	拉玛古猿出现
23 时 58 分	南方古猿出现
23 时 59 分	能人出现
午夜前 30 秒	直立人（猿人）出现
午夜前 5 秒	智人出现

点拨

这个比喻形象生动，将抽象的地球历史与人类历史的时间尺度进行了巧妙的类比，让人们直观地感受到人类在地球历史长河中出现的时间。

第四纪开始的重要标志是人类的出现。由于古人类化石不断地被发现，而且人类化石的年代越来越早，所以第四纪起始的年代也越来越往前提。20 世纪二三十年代之间，在古人类学和考古学研究领域中，一般认为北京人是属于更新世早期的人类。第四纪起始年代定为约 60 万年前。随着爪哇人被承认为直立人阶段的古人类，而且年代比北京人还要早，国际地质学会 1948 年在伦敦的会议上，把欧洲的维拉方期和中国的泥河湾期划归为更新世早期，北京人生活的时代为更新世中期，第四纪起始年代改为约 100 万年前。到了 20 世纪 60 年代，超过 100 万年的古人类化石又不断地有了新发现。第四纪起始年代又前推到了 200 万～150 万年前。近十多年，非洲大陆不断地有更早的人类化石发现，第四纪起始年代又推到 300 万年前。

我认为，根据目前的发现，必将在上新世400多万年前的地层中找到最早的人类遗骸和最早的工具，（人类）能制造工具的历史已有400多万年了。

1989年，在美国西雅图举行的太平洋史前学术会议上，我曾建议把地质年表中的最后阶段"新生代"一分为二，把上新世至现代划为"人生代"，把古新世至中新世划为新生代。我认为这样的划分比过去的划分更明确。

阅读笔记

阅读思辨

? 1.如果把地球的历史比作一天的24小时，人类的出现大约在什么时候？为什么这么短的时间内人类能取得如此大的进步？

? 2.为什么科学家们要不断研究人类化石呢？这些化石能告诉我们哪些关于人类的秘密？

21世纪古人类学者的三大课题

　　人类起源这一古老而永恒的问题，一直是科学家和哲学家们孜孜不倦探索的课题。本文探讨了21世纪古人类学者面临的三大主要课题：人类起源的时间、人类起源的地点以及人类在演化过程中先进与落后并存的重叠现象。

　　随着我国的改革开放，经济上的崛起，科教兴国政策的实施，在科学和文化领域必将有一个欣欣向荣的崭新面貌。有人称21世纪是中国在各方面全面发展的世纪。从20世纪初我国兴起的古人类学、旧石器考古学，到目前为止，人类起源的时间、人类起源的地点、人类在演化过程中先进与落后并存的重叠现象这三大课题还没有一个满意的答案，这将是这门学科在21世纪的主要研究课题，也是古人类学研究中最引起人们注目和最富有吸引力的课题。

　　人类起源的地点，最初有人认为是欧洲，因为欧洲研究古人类的历史较早，最早发现的古人类化石也在欧洲。随着古人类学的发展，古人类化石和文化的不断发现，欧洲起源说没人赞同了，就连欧洲的学者也承认人类起源地不在欧洲。后来非洲发现了古人类化石，有人把目光

点拨

　　这段文字是对古人类学研究现状的精辟总结，也为后续的论述提供了清晰导向。

转向了非洲，说人类起源于非洲。当亚洲有了更多的古人类化石发现后，又有人认为亚洲是人类的发祥地。这个问题直到现在还在争论。

美国学者马修 1911 年在纽约科学院宣读了《气候与演化》的论文（1915 年正式出版），论文中他支持 1857 年利迪提出的"人类起源于中亚"的论点。利迪认为，在中亚高原或附近地带出现了最早的人类。不过利迪的论点在当时没有受到人们的重视和接受。美国人类学家奥斯朋 1923 年提出：人类的老家或许在蒙古高原。他认为最初的祖先不可能是森林中人，也不会从河滨潮湿、多草木、多果实的地方崛起。只有高原地带环境最艰苦，人类在那里生活最艰难，因而受到的刺激最强烈，这反而更有益于演化，因为在这种环境中崛起的生物对外界的适应性最强。

我的观点是，人类起源于亚洲南部即巴基斯坦以东及我国西南的广大地区。这是因为 1965 年在我国云南省元谋盆地发现了 170 万年前的元谋直立人牙齿，1975 年在云南省开远县（今开远市）和禄丰县发现了古猿化石，这种最初定名为拉玛古猿的化石出土的褐煤层，距今有 800 万年的历史，处于中新世晚期到上新世早期。这种古猿最带有人的性质，被称为"尚不懂制造石器的人类的猿型祖先"。在元谋县班果盆地也有人型超科化石的发现。

1975 年，中国科学院古脊椎动物与古人类研究所的专家们，到喜马拉雅山脉中段和希夏邦马峰北坡海拔 4 100～4 500 米的古陆盆地考察，发现了时代为上新世（500 万～200 万年前）的三趾马动物群。除三趾马外，还有鬣狗和大唇犀等。从三趾马的生态环境看，那里多是森林草原的喜暖动物。根据当地孢子的花粉分析，此地曾生长椎木、棕榈、栎树、雪松、藜科和豆科植物，这些都是属于亚热带植物。

1966—1968 年，中国科学院组织的珠穆朗玛峰综合考察队，连续三年在那里进行考察和研究。郭旭东先生发表了论文，认为在上新世末期（200 多万年前），希夏邦马峰地区的气候为温湿的亚热带气候，年平均温度为 10℃ 左右，年降水量 2 000 毫米。喜马拉雅山在上新世

点拨

这个观点在当时可能显得激进，但它强调了环境对人类演化的重要影响，为后续的讨论提供了不同的视角。

时高度约海拔 1 000 米，气候屏障作用不明显。这些条件都适合古人类的生存。我在 1978 年出版的《中国大陆上的远古居民》一书中就这样表述过："由于上述的理由我赞成'亚洲'说，如果投票选举的话，我一定投'亚洲'的票，并在票面上还要注明'亚洲南部'字样。"

关于人类起源的时间也是大家最关心的问题。人是由猿进化来的，已经没有疑义了，那么人猿相区别是在什么时候呢？人是与猿刚一区别的时候就应该叫作人，还是从能制造工具的时候才算人呢？周口店北京人发现之后，才知道人已有 50 万年的历史了。随着对北京人使用的工具——石器的深入研究，发现它们的加工很细，不但能选用石料，还能分出各种类型，这证明北京人因用途不同而会打制不同类型的石器。再有，在北京人遗址发现了灰烬，而且成堆，里边还有被烧烤过的石头和动物骨骼，这证明北京人不但已经懂得使用火，而且还会控制火。这些进步都不可能在很短的时间内认识到或者做到，必须经过很长时间的实践和总结。因而我和王建先生提出了北京人不是最原始的人类的论点，并发表了《泥河湾期的地层才是最早人类的脚踏地》的短论，引起了长达 4 年之久的公开争论。随后发现了元谋人、蓝田人化石，西侯度、东谷坨、小长梁等地的石器，经研究证明，它们都比北京人早得多，距今已有 180 万～100 万年的历史。就文化遗物——石器而言，目前发现的石器都有一定的类型和打制技术，当然不能代表最原始的技术，但目前谁也不能肯定地说出最原始的石器是什么样。现在发现又有了最新进展，在四川省巫山县（今属重庆市）的龙骨坡发现了 200 万年前的石器，在安徽省繁昌地区也发现了 240 万～200 万年前的石器。

我在 1990 年发表的《人类的历史越来越延长》一文中说过："……（人类）能制造工具的历史已有 400 多万年了。"说来也巧，这篇文章发表不久，美国人类学家就在非洲发现了 400 多万年前的人类化石。

人类在演化过程中的重叠现象是非常复杂而又十分棘手的问题。人类在演化过程中并不是呈直线上升的，而是原始与进步并存的，我把

开篇点题，直接引出人类起源时间这一重要话题。

它叫作"重叠现象"。这种表现最为显著的是，辽宁省营口发现的金牛山人和周口店发现的北京人相比，金牛山人比北京人要进步得多，属早期智人。而北京人生活的年代是 70 万~20 万年前，在这段时期内，北京人的体质变化不大，这就说明先进的金牛山人出现的时候，落后的北京人的遗老遗少们还仍然生存于世。他们之间可能见过面，也可能为了生存彼此之间还打过架。这种重叠现象，并非仅在中国存在。

重叠现象不仅存在于人类演化的过程中，他们遗留下来的石器也屡见不鲜。过去我在华北工作的时间较长，把华北的旧石器文化划分为两个系统，这是按照石器的大小和使用的不同而划分的。在广大的国土上是否有其他系统和类型？答案是肯定的。因为人类有分布，文化有交流和交叉。

在河北省阳原县小长梁发现的细小石器，制作精良，最小的还不到 1 克重。这些石器能与欧洲 10 万年前的石器媲美。1994 年中国科学院地球物理研究所专家用先进的超导磁力仪测定，小长梁遗址距今为 167 万年。虽然这为我提出来的"细石器起源于华北"增加了证据，但石器之小，打制技术之好，年代之久远，是什么人打制的呢？仍是令人百思不得其解。

以上三大问题，是 21 世纪古人类学者和旧石器考古学者面临的重大课题。不是外国人说什么就是什么，也不是一两个"权威"就能说了算数的，这是全世界这门学科的学者所面临的课题。既然如此，就应该展开国际合作，特别是培养更多的年轻人加入到这门学科研究队伍中来，他们思想开放，更容易掌握先进技术和方法。要解决这三大课题，古人类学者和旧石器考古学者任重而道远。

点拨

这个发现挑战了传统的认知，激发了人们对古人类智慧的重新思考，同时也为后续研究提供了新的方向。

阅读思辨

? 1.为什么人类起源的地点一直存在争议？有哪些主要的观点？

? 2.北京人使用火和制造工具的能力说明了什么？这些能力对人类进化有何重要意义？

保护北京人遗址

　　周口店北京人遗址是世界文化遗产之一，具有重要的科研和教育价值。然而，由于保护经费不足，遗址面临损坏的风险。对此，本文作者贾兰坡有哪些建议和想法呢？

点拨

这段文字表现了作者与周口店遗址之间的深厚情感和紧密联系，直观地表达了周口店遗址对作者个人成长和事业发展的重大影响。

　　我是从发掘周口店起家的，我的成长、事业、命运都与周口店紧紧地连在一起。没有周口店，也就没有我的今天。青少年朋友可能不知道有我这个贾兰坡，但一定会知道周口店北京人遗址，这在课本上都会学到的。在周口店北京人遗址里，发现古人类和古脊椎动物化石材料之多、背景之全，在世界上是首屈一指的。很多科学论著、科普文章、教科书以及一些报纸杂志在论述人类起源问题时，不论是国内的还是国外的，都会提及周口店。这也说明周口店在研究人类起源问题上的重要位置。1987 年，联合国教科文组织将周口店北京人遗址列入《世界文化遗产名录》。1992 年，北京市政府把周口店北京人遗址列为北京青少年教育基地。同年，它又被评为北京十大世界旅游景点之一。1993 年，在第七届全运会上，我亲手在这里点燃了"文明之火"的火种，它与"进步之火"在天安门广场汇合，象征着中华民族的文明与进步日益腾飞。

点拨

明确指出周口店遗址在世界考古学研究中的独特地位和重要价值。

到 1999 年的 12 月 2 日，距离北京人第一个头盖骨的发现已经 70 年了。自从敲开了"北京人之家"的大门后，北京人遗址有了它非常辉煌的时期。而如今由于经费不足，无力保护和修缮，使第 1 地点、山顶洞、第 4 地点、第 15 地点都受到不同程度的损坏。有人在著述中很形象地比喻说："它就像人们迁入了现代化的公寓后，无意再光顾昔日的竹篱茅舍一样受人冷落。"有人在《光明日报》上撰写文章说，周口店遗址以厚厚的尘埃和萧条陈旧的衰落之态呈现于世人面前。1988 年，联合国教科文组织在中国考察了几处文化遗产，指出周口店遗址比起故宫、长城、秦俑、敦煌，是目前保护最差、受损最严重的一处。

随着社会的进步、科学的发展，现代文明越来越被人们接受。我们古老的祖先——北京人早在 50 万年前，就学会了打制各种类型的石器，特别是学会了用火，并能控制火。他们也在创造文明，我们绝不应该忘记。

我曾多次著述和呼吁：要保护好这个世界文化遗产，希望有识之士像 20 世纪 30 年代的洛克菲勒基金会一样资助周口店。可喜的是，党和政府正在着手做这方面的工作。1996 年，联合国教科文组织、中国科学院、法中人种学基金会联合召开了"修复世界文化遗产——北京人遗址"方案论证会。论证会十分成功。有关方面将着手拨款在周口店修建一个世界一流的古人类博物馆，抢修第 1 地点和山顶洞的方案也在筹备之中。

我常想，要把这门科学世世代代传下去，就要为青少年普及这方面的科学知识，使青少年能够产生对这门科学的爱好。既然周口店是青少年教育基地，那么，除了保护好它，在有条件的情况下，在遗址周围还应该仿照 50 万年前的情景，种上树木和草丛，塑造出正在打制石器、狩猎、采集果实、使用火的北京人，逼真地再现北京人的生活场景，使参观者一走入北京人遗址的大门就仿佛倒退到

点拨

通过对比，进一步强调了周口店遗址保护的紧迫性，具有很强的冲击力。

50万年前。这样，北京人遗址会越来越受到人们，特别是青少年的喜爱，使之成为真正的教育青少年的基地。青少年对这门学科产生了浓厚的兴趣，就会有更多的青少年加入到这门学科研究队伍中来。这门学科有了新鲜的血液，就会更有活力，就能有更加快速的发展，也就能再现新的辉煌。

阅读思辨

? 1.为什么周口店北京人遗址对研究人类的起源这么重要？

? 2.贾老爷爷希望我们青少年为保护周口店遗址做些什么呢？

阅读笔记

附录 古人类化石表

南方古猿类化石

名称	发现时间	国别或地区	发现地点	主要标本	地质年代或距今年代	曾用学名
非洲南方古猿	1924 年	南非（阿扎尼亚）	塔昂（Taung）	头骨	早～中更新世	非洲南方古猿（Australopithecus africanus）
	1936 年	南非（阿扎尼亚）	斯特克方丹（Sterkfontein）	头骨、肢骨	早更新世	德兰士瓦迩人（Plesianthropus transvaalensis）
	1939 年	坦桑尼亚	加鲁西（Garusi）	左上颌骨		非洲魁人（Meganthropus africanus）非洲前人（Praeanthropus africanus）非洲猿人（Africanthropus njarasensis）
	1947 年	南非（阿扎尼亚）	马卡潘斯盖（Makapansgat）	头骨片	早更新世	普罗米修斯南方古猿（Australopithecus prometheus）
	1965 年	肯尼亚	卡纳波伊（Kanapoi）	肱骨下段	400 万年	南方古猿
	1967 年	肯尼亚	洛塔甘（Lothagam）	下颌骨	550 万年	南方古猿
	1970 年	坦桑尼亚	库彼福勒（Koobi Fora）	头盖后部	182 万～160 万年	
粗壮南方古猿	1938 年	南非（阿扎尼亚）	克罗姆德莱（Kromdraai）	头骨、肢骨	中更新世	粗壮傍人（Paranthropus robustus）
	1948 年	南非（阿扎尼亚）	斯瓦特克兰斯（Swartkrans）	头骨、髋骨	中更新世	巨齿傍人（Paranthropus crassidens）
	1971 年	肯尼亚	切索旺雅（Chesowanja）	顶骨	120 万～110 万年	
鲍氏南方古猿	1950 年	坦桑尼亚	奥杜威（Olduvai）	头骨	175 万年	鲍氏东非人（Zinjanthropus boisei）
	1964 年	坦桑尼亚	佩宁伊（Peninj）	下颌骨	中更新世	鲍氏东非人（Zinjanthropus boisei）
	1970 年	坦桑尼亚	库彼福勒（Koobi Fora）	头盖骨、上下颌	182 万～160 万年	鲍氏东非人（Zinjanthropus boisei）
早期南方古猿	1970 年	肯尼亚	戈罗拉（Ngorora）	第二上臼齿	上新世，900 万年	南方古猿

名称	发现时间	国别或地区	发现地点	主要标本	地质年代或距今年代	曾用学名
归属未定	1941 年	印度尼西亚	三吉岭（Sangiran）		中更新世	古爪哇魁人（Meganthropus palaeojavanicus）疑似猿人（Pithecanthropus dubius）
	1957 年	中国	华南（地点不明）	一颗臼齿		裴氏半人（Hemanthropus peii）
	1960 年	巴勒斯坦	尤拜迪亚（Ubeidija）	部分颅骨		约旦人（Jordanthropus）？猿人？
	1962 年	乍得	科罗托罗（Koro Toro）	部分头骨	早 ~ 中更新世	乍得古猿（Tchadanpithecus uxoris）副南方古猿（Paraustralopithecus）
	1967 年	埃塞俄比亚	奥莫（Omo）	下颌骨、牙齿	早更新世	副南方古猿（Paraustralopithecus）
	1970 年	中国	湖北建始	臼齿		南方古猿

早期猿人化石

名称	发现时间	国别或地区	发现地点	主要标本	地质年代或距今年代	曾用学名
能人	1960 年	坦桑尼亚	奥杜威（Olduvai）	头顶骨	早更新世	Homo habilis
伊利雷特	1971 年	坦桑尼亚	伊利雷特（Ileret）		早更新世或晚上新世 200 万年以上	Homo
1470 号颅骨	1972 年	肯尼亚	图尔卡纳湖东岸（East Turkana）	头骨、肢骨	280 万 ~ 200 万年	Homo
巴林戈		肯尼亚	巴林戈（Baringo）	右颞骨片	350 万 ~ 300 万年	
阿法	1974 年	埃塞俄比亚	阿法（Afar）	颌骨、体骨	350 万年	南方古猿阿法种 Homo

晚期猿人化石

名称	发现时间	国别或地区	发现地点	主要标本	地质年代或距今年代	曾用学名
直立人	1891 年	印度尼西亚	爪哇（Java）	头盖骨、股骨	中更新世 80 万 ~ 50 万年	直立猿人，爪哇猿人（Pithecanthropus erectus）
海德堡人	1907 年	德国	海德堡（Heidelberg）	下颌骨	50 万 ~ 40 万年	海德堡人（Homo heidelbergensis）
北京猿人	1929 年	中国	北京周口店	头盖骨、下颌骨、肢骨、牙齿等	50 万年	中国猿人北京种（Sinanthropus pekinensis）

名称	发现时间	国别或地区	发现地点	主要标本	地质年代 或距今年代	曾用学名
莫佐克托猿人	1936 年	印度尼西亚	爪哇莫佐克托 （Modjokerto）	小儿头盖骨	早更新世末 180 万年	莫佐克托猿人 （Pithecanthropus modjokertensis）
粗壮猿人	1938 年	印度尼西亚	爪哇三吉岭 （Sangiran）	头骨后部、下颌骨	早更新世末	粗壮猿人 （Pithecanthropus robustus）
开普猿人	1949 年	南非 （阿扎尼亚）	斯瓦特克兰斯 （Swartkrans）	下颌骨	中更新世	开普猿人 （Telanthropus capensis）
药铺猿人	1952 年	中国	华南 （地点不明）	臼齿	中更新世	中国猿人药铺种 （Sinanthropus officinalis）
阿特拉猿人	1954 年	阿尔及利亚与 摩洛哥	土尼芬 （Ternifine） 阿布德拉多	下颌骨、 顶骨	第二间冰期初 45 万年	毛里坦阿特拉猿人 （Atlanthroptus mauritanicus）
利基猿人	1960 年	坦桑尼亚	奥杜威 （Olduvai）	头盖骨、股骨、髋骨	50 万年	利基猿人 （Homo leakeyi） 舍利人 （Chellean man）
奥杜威13 号头骨	1963 年	坦桑尼亚	奥杜威 （Olduvai）			奥杜威 13 号头骨 （Olduvai Hominid 13）
蓝田猿人	1964 年	中国	陕西蓝田	头盖骨、 下颌骨	85 万～78 万年	中国猿人蓝田种 （Sinanthropus lantienensis）
元谋猿人	1965 年	中国	云南元谋	两颗上中门齿	60 万年左右	
沈劝人	1965 年	越南	沈劝 （Tham Khuyen）	牙齿	第二间冰期	
维尔德兹佐洛猿人	1965 年	匈牙利	维尔德兹佐洛 （Vértesszdlos）	枕骨、牙齿	40 万年	古匈牙利人（Homo paleohungaricus）
捷克猿人	1969 年	捷克 斯洛伐克[①]	布拉格（Praha） 以北	臼齿	40 万年	
郧县猿人	1975 年	中国	湖北郧县 （今郧阳区）梅铺	门齿、前臼齿、臼齿	中更新世	
郧西猿人	1976 年	中国	湖北郧县白龙洞	臼齿	中更新世	
和县猿人	1980 年	中国	安徽和县龙潭洞	头盖骨、牙齿、下颌骨	中更新世	
南京人	1993 年	中国	南京汤山	头盖骨	中更新世， 42 万年	
金牛山人	1994 年	中国	辽宁营口	骨架	中更新世末	

早期智人化石

名称	发现时间	化石产地		主要标本	地质年代 或距今年代
		国别或地区	发现地点		
直布罗陀人	1848 年	直布罗陀（英）	直布罗陀 （Gibraltar）	头骨	7 万～4 万年
尼安德特人	1856 年	德国	尼安德特 （Neanderthal）	头骨、肢骨	玉木早期
斯庇人	1886 年	比利时	斯庇 （Spy）	两具成年男性骨架	
克拉皮纳人	1895—1906 年	南斯拉夫	克拉皮纳 （Krapina）	14 个个体（9 个成人，5 个幼童，200 多颗牙齿）	

① 捷克斯洛伐克：1993 年 1 月 1 日，捷克斯洛伐克联邦共和国解体，分为捷克和斯洛伐克两个独立的国家。

名称	发现时间	化石产地		主要标本	地质年代或距今年代
		国别或地区	发现地点		
圣沙拜尔人	1908 年	法国	圣沙拜尔（La Chapelle-aux-Saints）	老年男性骨架	4.5 万 ~ 3.5 万年
基纳人	1908—1921 年	法国	基纳（La Quina）		玉木早期
费拉西人	1900 年	法国	费拉西（La Ferrassie）	7 个个体，包括成人、小孩新生儿和胎儿	3.5 万年以上
埃林斯多甫人	1914—1925 年	德国	埃林斯多甫（Ehringsdorf）	20 多岁女人头骨、下颌骨，幼童下颌骨、头后骨骼	12 万 ~ 6 万年
断山人（罗得西亚人）	1921 年	赞比亚	断山（Broken Hill）	成年男性头骨	10 万 ~ 3 万年
奥哈巴－波诺尔	1923 年	罗马尼亚	奥哈巴－波诺尔（Ohabe-Ponor）	右足第二趾骨	玉木早期
基克－柯巴人	1924 年	苏联[①]	基克－柯巴（Kik-Koba）	成年肢骨，小儿体骨、肢骨	玉木冰期，7 万 ~ 4 万年
朱蒂耶人或加里里人	1925 年	巴勒斯坦	朱蒂耶（Zuttiyeh）加里里（Galilee）	不完整男性头骨（额骨、颧骨、鼻骨、蝶骨）	7 万年
加诺西人	1926 年	捷克斯洛伐克	加诺西（Ganovce）	颅腔骨膜	7 万年
卡麦尔人塔邦人斯虎尔人	1929—1934 年1931—1932 年	巴勒斯坦	卡麦尔山（Mount Carmel）塔邦（Tabun）斯虎尔（Skhul）	成年女性完整骨架，成年男性下颌5 男，2 女，3 幼童	7 万 ~ 4 万年7 万年
萨科帕斯托人	1929—1935 年	意大利	萨科帕斯托（Saccopastore）	成年男女头骨	6 万年
昂栋人（梭罗人）	1931—1941 年	印度尼西亚	昂栋（Ngandong[Solo]）	头盖骨 12 个	晚更新世
斯坦海姆人	1933 年	德国	斯坦海姆（Steinheim）	女性头盖骨	25 万 ~ 20 万年
卡夫泽人	1934—1967 年	巴勒斯坦	卡夫泽（Qafzeh）	10 个个体	7 万年
斯旺斯科姆人	1935 年	英国	斯旺斯科姆（Swanscombe）	头骨	25 万年
捷什克塔什尼人	1938 年	苏联	捷什克－塔什尼（Tesek-Tash）	幼童头骨	玉木冰期7 万 ~ 4 万年
坎萨诺人	1938 年	法国	坎萨诺（Quinzano）	头骨	15 万 ~ 7 万年
孟色西人	1939—1950 年	意大利	孟色西（Monte Circeo）	头骨（成年男性）、下颌骨	玉木早期
丰德谢瓦人	1947 年	法国	丰德谢瓦（Fontechevade）	头骨碎片	15 万 ~ 7 万年
蒙特莫兰人	1949 年	法国	蒙特莫兰（Montmaurin）	下颌骨	15 万 ~ 7 万年
阿西苏居人	1949—1951 年	法国	阿西苏居（Arcy-Sur-Cure）	下颌骨	14 万年
斯塔罗谢雅人	1952 年	苏联	斯塔罗谢雅（Staloscljc）	2 岁幼儿	
豪亚弗塔人	1952—1955 年	利比亚	豪亚弗塔（Haua Fteeh）	下颌骨	4 万年
苏尔达纳人	1953 年	南非（阿扎尼亚）	苏尔达纳（Saldanha）	头盖骨、下颌骨	4 万年
沙尼达尔人	1953—1960 年	伊拉克	沙尼达尔（Shanidar）	7 个个体	5 万 ~ 4.7 万年
丁村人	1954—1976 年	中国	山西襄汾	头骨碎片、牙齿	10 万年

① 苏联：1991 年 12 月 25 日，苏联解体，分为 15 个国家。

名称	发现时间	化石产地		主要标本	地质年代 或距今年代
		国别或地区	发现地点		
牛川人	1957 年	日本	爱知县牛川	肱骨	里斯-玉木间冰期
马坝人	1958 年	中国	广东韶关	头骨	10 万年
佩特拉郎那人	1960 年	希腊	佩特拉郎那 （Petralona）	头骨	玉木冰期
耶贝尔依罗人	1961 年	摩洛哥	耶贝尔依罗 （Jabel Irhoud）	头骨及面骨	
阿木德人	1961—1964 年	巴勒斯坦	阿木德 （Amud）	4 个个体，一成年 男性完整骨架	7 万~4 万年
沈海人	1964 年	越南	沈海 （Tham Hai）	牙齿	2 万年
奥莫人	1967 年	埃塞俄比亚	奥莫 （Omo）	2 个个体	10 万~5 万年
陶塔维人	1971 年	法国	陶塔维 （Tautavel）	面骨、额骨、 下颌骨	20 万年
桐梓人	1972 年	中国	贵州桐梓	牙齿	10 万年
新洞人	1973 年	中国	北京周口店第 4 地点	牙齿	10 万年
许家窑人	1976 年	中国	山西阳高	牙齿、头骨碎片	10 万年
大荔人	1978 年	中国	陕西大荔	头骨	
巢县人	1982 年	中国	安徽巢县	枕骨等	

晚期智人化石

名称	发现时间	化石产地		主要标本	地质年代 或距今年代
		国别或地区	发现地点		
克罗马农人	1868 年	法国	克罗马农 （Cro-Magnon）	5 个个体	3 万~2 万年
格里马迪人	1872—1901 年	摩洛哥	格里马迪 （Grimaldi）	7 个个体	4 万年
商塞拉德人	1888 年	法国	商塞拉德 （Chancelade）	成年男人	1.7 万~1.2 万年
瓦加克人	1890 年	印度尼西亚	瓦加克 （Wadjack）	2 个头骨及下颌 骨、牙齿	4 万年
布尔诺人	1891 年	捷克斯洛伐克	布尔诺 （Brno）	头骨、下颌骨碎 片、头后骨骼	玉木晚期
普列摩斯提人	1894—1957 年	捷克斯洛伐克	普列摩斯提 （Predmosti）	27 个个体	3.48 万年
孔姆卡佩人	1909 年	法国	孔姆卡佩 （Combc-Capell）	成年男人头骨	3.4 万年
博斯科普人	1913 年	南非 （阿扎尼亚）	博斯科普 （Boskop）	头骨	晚更新世
奥伯卡斯尔人	1914 年	德国	奥伯卡斯尔 （Oberkassel）	2 个个体	1.7 万~1.2 万年
河套人	1922—1956 年	中国	内蒙古伊克 昭盟乌审旗	头骨、肢骨碎片、 牙齿	更新世末
阿塞拉人	1927 年	马里	阿塞拉 （Asselar）	成年男性骨骼	更新世末
阿尔法卢人	1928—1929 年	阿尔及利亚	阿尔法卢 （Alfalou）	48 个个体，包括 男、女和小孩	晚更新世

名称	发现时间	化石产地		主要标本	地质年代或距今年代
		国别或地区	发现地点		
明尼苏达人	1931 年	美国	明尼苏达（Minnesota）	头骨	1.1 万年
明石人	1931 年	日本		腰椎骨	晚更新世
弗洛里斯巴人	1932 年	南非（阿扎尼亚）	弗洛里斯巴（Florisbad）	头骨	3.5 万年
山顶洞人	1934 年	中国	北京周口店山顶洞	7 个个体	2 万～1 万年
札赉诺尔人	1933—1943 年	中国	内蒙古满洲里札赉诺尔	2 个头骨、上下颌骨	1 万年
凯洛人	1940 年	澳大利亚	凯洛（Keilor）	头骨等	1.3 万年
通庄人	1942 年	越南	通庄（Lang Thung）	牙齿	晚更新世
希昂克洛维纳人	1942 年	罗马尼亚	希昂克洛维纳（Cioclovina）	头骨	玉木冰期
特佩克斯潘人	1949 年	墨西哥	特佩克斯潘（Tepcxpan）	头骨	1.1 万年
葛生人	1950 年	日本	栃木县葛生	下颌骨、肢骨	晚更新世
资阳人	1951 年	中国	四川资阳	头骨	晚更新世
榆树人	1951 年	中国	吉林榆树	头骨片、肢骨片	晚更新世
下草湾人	1954 年	中国	江苏泗洪下草湾	胫骨中段	晚更新世
伦达人	1956 年	德国	伦达（Rhunda）	头骨右侧骨片	晚更新世
建平人	1957 年	中国	辽宁建平	肱骨	晚更新世
柳江人	1958 年	中国	广西柳江	头骨、椎骨、骶骨	晚更新世
尼阿人	1959 年	马来西亚	尼阿（Niah）	头骨	3.9 万年
丽江人	1960—1964 年	中国	云南丽江	头骨、股骨	晚更新世
荔浦人	1961 年	中国	广西荔浦	牙齿	晚更新世
滨北人	1961—1962 年	日本	静冈县滨北	头骨片、肢骨片	晚更新世
峙峪人	1963 年	中国	山西朔县（今朔州市）	枕骨	2.8 万年
新泰人	1966 年	中国	山东新泰	牙齿	玉木冰期
马尔莫人	1967 年	美国	马尔莫（Marmes）	头骨	1.3 万～1.1 万年
芒戈湖人	1968 年	澳大利亚	芒戈湖（Lake Mungo）	头骨	3.2 万～2.5 万年
科阿沼泽人	1968 年	澳大利亚	科阿沼泽（Kow Swamp）	40 个个体	1 万年
阿拉哈巴德人	1971 年	印度	阿拉哈巴德（Allahabad）		1 万年
左镇人	1972 年	中国	台湾台南左镇	头骨	3 万～2 万年
西畴人	1973 年	中国	云南西畴		

读后任务一

1. 阅读以下文字，回答问题。

双手使用天然工具，促使身体朝着直立发展，而直立又反过来进一步解放了双手。随着思维活动的增强，大脑也逐渐发达起来，脑量增加了。产生了原始语言，也增强了自觉能动性。从使用天然工具逐步变成了制作适手的工具，最后到制作各种不同用途的工具，从猿到人的演化已经基本完成了。

（1）根据文段内容，下列是人类大脑逐渐发达的直接原因的一项是（　）

A. 吃得越来越好，越吃越聪明

B. 干体力活儿，越干越聪明

C. 爱动脑筋，脑子越用越聪明

D. 直立行走，智商占领高地

（2）根据文段内容，按时间顺序排列以下事件。

①直立行走　②制作不同用途的工具　③原始语言出现

④开始使用天然工具

正确顺序：_____

2. 阅读以下文字，回答问题。

就拿脊椎动物化石来说吧，其实也就是老百姓经常说的"龙骨"。它们绝大多数是哺乳动物的骨骼，由于在地下埋藏的时间较长，得以钙化。但是要成为化石，还要有一定的条件。首先，包括人在内的动物死亡后，能尽快地被埋藏起来，使其不暴露。然后，经过自然界的作用，年代久之即可成为化石——我们所要研究的材料。

（1）根据材料内容，下列说法正确的是（　）

A. 化石都是哺乳动物的骨骼。

B. 化石形成需要漫长时间和特定条件。

C.“龙骨”专指恐龙的骨骼。

D.地下埋藏的物品都能成为化石。

（2）材料中提到"动物死亡后，能尽快被埋藏起来"，你认为这对化石形成有什么重要影响？请简要分析。

3. 在本书中收集相关信息，完成以下表格。

古人类	发现地点	生存时间
北京人		
蓝田人		

4. 动手做一做。

贾兰坡爷爷说"早期人类……需要找比较坚硬的材料制作工具……石头取材方便、加工简单……他们就使用天然石块做武器或工具了"，请你找一块天然的石头，通过简单加工将其变成一件工具，跟大家分享一下这件工具有什么用途、如何使用。

1.（1）C　（2）④①③②

2.（1）B　解析：化石的形成需要有机物被迅速掩埋，经过长时间的地质作用，才能变成化石。A选项过于绝对，C选项概念错误，D选项条件不充分。

（2）示例：动物死亡后迅速被埋藏可以避免暴露于空气和水中，从而防止骨骼的腐烂和分解，这对化石的形成非常重要。

3.北京周口店　约50万~20万年前　陕西蓝田县　约110万年前

4.略。

悠长的岁月

贾兰坡是我国著名的古人类学家，对我国考古事业的发展做出了巨大贡献。他的童年是什么样的？又是如何接触并热爱上考古的？他在考古行业做出了什么成就？在此过程中，他曾面临什么样的困境？他的一生有什么令人难忘的经历？……本篇将带你走近这位伟大的古人类学家，去了解他丰富而坎坷的一生。

我的童年

一个出生在贫穷农村的孩子，是如何成长为一位杰出的科学家的？他的童年生活究竟有什么特别之处？让我们跟随贾爷爷的回忆，一起回到那个风雨飘摇的年代，去感受一个农村孩子的成长故事。

1908 年 11 月 25 日，我出生在河北玉田县城北约 7 千米的小村庄——邢家坞。这个不足 200 户的村子，北临山丘，南望一片平原，土地贫瘠，村民的生活比较贫困。

据坟地碑文记载：我们贾家原籍河南省孟县（今孟州市）朱家庄，在明代初期才迁移到邢家坞。

听老一辈人说，我的曾祖有兄弟二人，大曾祖父没有儿子，按我们家乡当时的规矩，需要把我二曾祖父的长子，即我的大祖父过继给大曾祖父。我的二祖父也没儿子，又从我三祖父一门中把我的父亲过继给二祖父。由于生活困难，在我很小的时候，我的父亲就只身到北京谋生。

我们村里有个叫宋竹君的，据说他是燕京大学的前身——汇文大学（后改为汇文中学）毕业，在北京英美烟公司任高级职员。经他介绍，我父亲也进了英美烟公司。父亲本名贾连弟，号荣斋。他的工作部门叫"调换处"，实际上是做一种广告性质的工作。人们只要能集到一定数量英美烟公司出品的香烟空纸盒或烟盒内的画片，就可以到调换处换取挂历、成套茶具及小玩意儿等物品。

由于工作日渐起色，人来人往日渐增多，人们都习惯称父亲为荣斋，而他的本名反而没人叫了。当时父亲每月薪水18元，他自己省吃俭用，每月需花8元，其余10元就托人捎回老家，家中的日子自然好多了。

我家村后的东山上有两个山洞，一大一小，我常常跟着其他小孩到小洞里探洞玩。大洞深不可测，我们从不敢进去。有时我们把石头打成圆球，从山上往下滚着玩。想不到这在以后的工作中，对发现石球的打制过程和用途也有着很大的帮助。

在村北的小山下，还有一条南北向细长的水坑，这也是我们孩子常常光顾的地方。我们就在坑里洗澡、打水仗。我还常常到地里逮蝈蝈、捉蜻蜓和小鸟。鸟类中，我们最喜爱"红靛颏"或"蓝靛颏"，凡是我们网着的鸟，除了这两种，其余统统放生。当然我们小孩之间，也常常为逮鸟打架，母亲只是拉开了就完，最多打几下屁股。她不许骂人，骂人准挨一顿掸把子。

我外祖母家在门庄子，位于邢家坞村和玉田县城之间，地处平原，风光秀丽，也是个200多户的村子。外祖母住在村前街的西头路北，家中有五间北房。东侧有条路通往后街，小路东边有个数十米长、直通南北街的大水坑，水坑东西有三四十米。前街路南有一块菜园，冬季多种大白菜，夏天除种各种蔬菜外，还种甜瓜、西瓜等。外祖母家我也非常爱去，除了有水坑可以游泳，更因为那块很大的菜园子，有很多好吃的瓜果和蔬菜，比邢家坞的菜多了很多。何况还有一个比我大13岁的表兄，他常带我去水坑里摸鱼和捉螃蟹，又好玩又能解馋。

大约到了7岁，我在外祖母家开始上学了。当地没有学校，读的

点拨

通过具体的数字和细节，读者可以直观地感受到作者家庭经济状况的变化，增强了文章的真实感和亲切感。

点拨

将童年的游戏经历与成年后的职业生涯巧妙地联系起来，让人感受到人生的关联。

是私塾。所谓私塾，就是在老师家上课。老师教几个学生，屋里没有课桌，只有个方桌，炕上放个炕桌而已。教的是《三字经》《百家姓》《千字文》。我还记得，老师叫谷显荣。每天进老师家中第一件事，就是向孔子牌位行作揖礼，然后各就各位，背书或描红模子。学完了三本小书，又学了半本《论语》，谷老师因病去世了。我又到邻村跟一位叫"李小辫子"的老师学。当时已是民国，但他还是清朝打扮，留着辫子，所以当地人都叫他李小辫子，而不知他的大名。他对学生管得很严，背书背不下来或背错了，都要挨揎把子。他给我们讲的课文，我们听了虽然有时似懂非懂，但因怕挨打，背得都很熟。所以到现在什么"一去二三里，烟村四五家，亭台六七座，八九十枝花""松下问童子，言师采药去，只在此山中，云深不知处"，还仍然记得清清楚楚。

大约到了8岁，《四书》读完，又读了点《诗经》，我的外祖母也去世了。此时邢家坞也有了私塾，我又返回自己的家继续读书。

应该说，我识字的启蒙老师是我的母亲。我的母亲戴明，虽未上过学，但聪明而知晓大义。村里有个叫王雍的老头，识字最多，他看的小说也多。每到夏天，大家在一起乘凉，都会叫王雍讲故事。母亲常把听来的故事再讲给我听，都是一些"岳母刺字""精忠报国"之类，母亲一边讲一边教导我要学好人，不要做坏事。后来母亲对小说也着了迷，就借来看，不认识的字和不懂的地方就请教王雍，天长日久，也认识了很多字，就是不会写。到后来，她连不带标点的木版印刷的小说也能看得懂。

父亲在北京做事，家里有了活钱，生活自然好多了。母亲要求我穿戴不能与其他孩子有区别，我只比别的孩子多件内褂和内裤，外表仍是粗布衣裤。别人家的孩子在玩的时候都背着笆篓，边玩边拾柴，母亲也叫我背一个，不要求拾多少柴，就是不能比别人家的小孩有特殊感。这对我作用很大，以至后来，我对待他人，不管职位高低，都能一视同仁，这不能不说是母亲当年教育的结果。

虽然父亲每月捎钱来，但家里平时仍是早饭玉米粥加咸菜，午饭和晚饭是玉米面贴饼子加上一锅菜，有时是小米饭。当然过节和有客人来就不一样了。有时为了给祖父下酒，母亲炒个菜，祖父总想叫我一起吃，母亲反对说："小孩子家，吃喝时间长着呢！不在这一口两口。"过年时，客人给的压岁钱，都得如数上交，母亲又说："孩子花惯了钱对他一点好处也没有。"但过年的新衣、新鞋母亲总是早早就做好了，当然还有灯笼、鞭炮之类的玩意儿。所以过年是小孩子最盼望的了。

我的童年是在农村度过的。虽然家境不是很宽裕，但童年的生活非常愉快，无忧无虑。至今我还常常回忆起那时的情景。

阅读思辨

1.贾爷爷小时候最喜欢做的事情是什么？为什么？

2.他的父母在教育他时有什么特别的方法？这些方法对他的成长有什么帮助呢？

断断续续的学校生活

本文讲述了作者在直奉战争期间，随家人从乡下逃难到北京的经历。兵荒马乱的年代，一个 13 岁的少年，背井离乡，流落北京。他经历了怎样的磨难？又如何在乱世中求学？让我们一起来看一看。

点拨

生动地刻画了战乱时期溃兵横行的社会现状，通过溃兵的口号，展现了他们无恶不作、恃强凌弱的凶残本性。

我 13 岁那年，正赶上直奉战争，奉军溃败，逃兵很多。他们仨一群俩一伙，到处抢劫，用他们的话说："打是米，骂是面，不打不骂小米干饭。"

在这兵荒马乱的年代，我父亲对家里很不放心，他抽时间回到家里探亲。一路上看到的和听到的都使他胆战心惊。他决定不在乡间久留，便雇了两辆骡子拉的轿车（即车上装个布围子），带着我的祖母、母亲、姑母和我及妹妹一起，到北京暂时躲避。轿车每辆可乘 4 人，乘 1 人或乘 4 人都需花 4 块银元。平常从老家到北京需两天的时间，这次走了三天，因为怕碰上逃兵，我们有时只好绕着道走。途中的栈房（能停车辆的小旅店）都被兵占据，我们也只好借宿到百姓家里。当时的百姓家对往来客人借宿都很热情，供吃供住，但不当面收钱，客人要给钱也得给小孩，借给小孩买吃的为名，还了这份人情。否则人家说"我家不开店"，叫你下不了台。

进了朝阳门，到了崇文门外翟家口恒豫隆丝线店，已是掌灯时分。当时北京大多数人家还没装电灯，用的都是煤油灯。

我们的落脚处是父亲在我们来京之前预先托朋友找好的。这原是一家闲置的店铺，托恒豫隆代为照料。我们只占用了五间朝东的正房，其他房间还闲在那里。当时的人很迷信，住房子要看了风水才能决定，特别是作为买卖用的铺面房。我们临时租住的这家房子，因有人说里面不干净，闹过鬼，房子很难租出去。租不出去，还要花钱雇人看管，房东当然愿意有人租这房子住，这样证明里面没有鬼。我父母是不信神不信鬼的人，即使旧历年节也没烧过香或祭过灶王爷。这事对双方当然都是再合适不过了。

这时，我父亲辞去了英美烟公司的工作，在前门外打磨厂集资开了一爿●商店——义兴合纸烟店。店子的主要股东是义兴合钱庄，经理是个叫史冠德的山西人。纸烟店就在钱庄的东隔壁。

虽说父亲辞去了英美烟公司的工作，与别人合伙开了纸烟店，但并没有完全脱离英美烟公司，专负责批发英美烟公司出产的纸烟。当时这类烟店，京城共有4家，分布在北京4个区，每区一家专卖店，出售不许越界。当然父亲的薪金也比过去多了，年终还能分到红利。

在京待了半年之久，地方上已经平静，老家中的叔叔来京接我祖母等人回家。我母亲陪着祖母、姑母及妹妹一行人又返回了邢家坞。

妹妹贾英伯在家时也读了很多书，且非常聪明，《诗经》背得很熟。她本想留下来和我一起在北京读书，但因家人一走，我父亲把原租住的房子退掉，在纸烟店我们爷俩合着住，妹妹留下来挤在一起不方便，所以她就和母亲一起返回了老家。

母亲走后，我和父亲住在纸烟店里，和店里的伙计一起吃饭。父亲把我送到打磨厂小学读高小。国文（即语文）对我来说没有问题，但数学就困难了。在老家从未接触过阿拉伯数字，学起来非常吃力。

点拨

通过描述父母的信仰，侧面反映了他们务实、理性的行事作风，为他们租住"闹鬼"的房屋提供了合理的铺垫。

● 爿（pán）：商店、工厂等一家叫一爿。

有时还涉及地理以至物理、化学等知识，弄得我一点信心也没有，越学越没兴趣，最后还是离开了学校，在家请了一位先生为我补习。

父亲每天外出，我一人在店里，除了补习功课也没其他事情可做，自己也不敢出去玩，很是寂寞。就这样度过了一年多。这一年正赶上崇文门内以东的汇文高等小学校招生，父亲领我去投考，虽然除国文外其他各门较差，但经过一年多的补习，我居然被录取了。我心里明白，这只是凭着运气，而不是凭着学到的知识。果不其然，第二年就留了级。对我来说，留级不是什么坏事，从头再开始，学起来就省力多了。课能听得懂，成绩跟得上，学起来就感到有味道，就这样一直在汇文学校到1929年高中毕业。

为了上学方便，父亲带着我从义兴合商号搬到了东城江擦胡同宋竹君家居住，父亲每月付给他一些费用。宋竹君是英美烟公司的高级职员，也是介绍我父亲进英美烟公司工作的人。后来他染上了吸食鸦片的恶习，弄得家境败落，我也不得不离开他家，搬到汇文学校住宿。听说宋竹君抽不起大烟，改抽白面儿，最后家败人亡。

由于时间久远，汇文的住宿费我记不清了，但还记得伙食费分两种：一种伙食费较高，当然吃得也好，大约每月6块银元；另一种次一点，粗粮较多，平时菜里很少有肉，只到星期天改善一下伙食。我记得伙食费是父亲领我去交的。收费的人说："差不了几个钱，还是叫孩子吃好的吧。"我父亲说："还是次一等的吧，不在乎几个钱。小孩不能惯，不能叫他与别人家攀比。"我心里虽不愿意，也只好听从。当然这为我以后不挑吃喝，对在野外吃好吃坏不以为意打下了基础，这也不能不说是父母苦心教育的结果。

点拨

这句话表现了作者对自己学习情况的清醒认识，凸显了他对学习的严肃态度和诚实品质。

阅读思辨

？1.为什么作者的家人要离开家乡，跑到北京去呢？

？2.作者在北京上学时遇到了哪些困难？他是怎么克服这些困难的呢？

考上练习生

　　一位对自然科学充满好奇的青年，在机缘巧合下踏入中国地质调查所的大门。这段经历，不仅改变了他的人生轨迹，也让他对科学研究产生了深厚的兴趣。下面就让我们看一看他是如何通过自学和努力，成为一名地质学练习生的。

　　母亲回到老家后，祖父、祖母相继过世。这时我正在汇文读高小。北京4个区的英美烟公司的买办王兰（字者香）在骡马市一带建了一家独营店。我父亲又回到了英美烟公司（后改为颐中烟公司），职务为"段长"，比在调换处高了一等。工作是了解市面上纸烟销售情况，招揽广告生意，每月的收入达到了四五十元。此时我父亲在崇文门外南五老胡同也租了房子，因为没人照顾，就把母亲从老家接了来。我当然也不用住校了，回家来住不但能吃得好，也能省几个钱。

　　父亲的收入虽然增加了，但应酬也多了起来，每月收入所剩无几。我读到高中毕业，父亲没钱供我上大学了。此时我正当21岁，由父母做主结了婚。妻子叫王栖桐，与我同岁，是玉田县青庄坞人。她人品好，为人热诚。由于在农村长大，没机会学习文化，虽然很聪慧，但底子差，读书很吃力，她对读书的兴趣越来越没有了。但她一

点拨

　　画线句子透出了作者的无奈和对未来的迷茫，为下文对婚姻的思考做了铺垫。

生中担负起了照顾公婆和子女的重担。

　　我在北京上学，学到了很多知识，开阔了眼界。当时，几位大文学家提倡白话文，虽然有不少人反对，但毕竟白话文逐渐占了上风。同时，新的思想也起来冲击旧的封建思想。旧式的婚姻，我是反对的。我和妻子之间没有感情基础，再者我还没有工作，不曾立业，结婚生儿育女就会加重父亲的负担，所以我极力反对这门婚事。但母亲为此哭过几次，最后我也只好投降。

　　婚后一年多，我的大女儿出世了。家里添了人口，虽然大家都很高兴，但我心里更加着急，总为自己不能挣钱养家觉得心中有愧。

　　我的一位中学同学曾要我跟他一起到外地报考邮政局的工作。我思想上有点活动，但母亲听说后，坚决反对，我只好作罢。怎么办呢？这时我只想多学点知识，等待出路。于是，从1930年起我经常去图书馆看书。

　　北京图书馆内无偿地供给白开水，有时我带着馒头夹咸菜，一去就是一天。开始看书没什么规律，逮住什么看什么，后来对《科学》《旅行杂志》之类的有关自然科学方面的杂志和书籍越来越感兴趣。我不但看，还把感兴趣的地方抄录下来。有时也到旧书摊去浏览，看到便宜的书也会买回来。我对所看过的书都认真做了笔记，不知不觉，一年下来也学到了很多东西。

　　玉田县狼虎庄有位名高焕、字灿章的人，是我的一个表弟。他经常来北京，每次来都住在我家里，几乎成了我家的一员。我的孩子也很喜欢他，因为他一来京，就常带孩子们出去玩。崇文门瓮圈的内侧有一家恒兴缸店，是他经常光顾的地方，因为他在这家缸店有股份。恒兴缸店的掌柜姓裴，就是因1929年12月发现第一个北京人头盖骨而闻名于世的裴文中（1904—1982）先生的侄子。虽然裴掌柜辈小，但岁数不小，比裴文中年岁大得多。裴文中先生也常去缸店串门，和我的表弟时常见面，彼此很熟。

1931年春，他们在缸店又见面了。他们一边喝茶，一边聊天，闲谈中，我的表弟提到我闲在家里没事可做，只闷头读书。裴文中一听，说中国地质调查所正在招考练习生，不妨叫我去试试。高焕回来一说，全家都很高兴，因为这样不但有了工作，还可以不出北京。

我风风火火地跑到了西四兵马司9号的中国地质调查所报了名。考试那天，主考是地质陈列馆的负责人徐光熙先生。不承想我在家中自学的知识竟派上了用场，我以优异的成绩被录取了。

上班后，我被分配到新生代研究室做练习生。和我同时来到新生代研究室的还有一位青年卞美年先生，他长我半年，是燕京大学的毕业生，学的是地质和生物。他是由他的老师——英国地貌学家、燕京大学教授巴尔博（B. Barbour）介绍来的。他是练习员，我是练习生；他是大学毕业，我是高中毕业。他学历和职称都比我高，但他为人厚道，平易近人，我们很快就熟识了。在以后的工作中，他处处帮助我、指导我。至今我俩还是非常要好的朋友。

当时新生代研究室有两处工作地点：一处是西四兵马司9号，一处在东单北大街路西的北平协和医学院娄公楼106室和108室。106室是裴文中先生的办公室，108室除杨钟健先生外，还有十几名工人在修理化石。上班那天，我俩先见了杨钟健和裴文中两位先生。他们言谈很和善，没有什么架子，使我们紧张的心情松快了许多。

上班初期，我们没有一下子进入工作，因为杨钟健叫我俩先和大家彼此认识，熟悉一下工作环境。每天上午杨、裴都要到西四兵马司去。

一天，我和卞美年正在娄公楼108室聊天，卞美年给我讲古代生物化石的知识。这时，走进了一位身材矮小、身着长袍的人，他在屋内转了一圈就走了。我俩不认识他，也没有跟他打招呼。

第二天，杨钟健见到我们，说那是所长翁文灏（1889—1971），他叫我们俩明天上午去见他。我和卞美年心里一惊，感到对所长失了

点拨

设置悬念，通过对人物外貌的简单描写和两人不认识的细节，引发读者好奇心，推动故事情节的发展。

礼，心里直打鼓。

第二天上午，我俩按时来到了西四兵马司9号中国地质调查所，杨钟健已在那里等候我们。杨钟健是新生代研究室的副主任，是我俩的领导。他把我俩领到二楼东南角翁所长办公室的门前，先带着卞去见所长。我在门外等候，心里就像十五只吊桶打水——七上八下，怎么也控制不住。没多久，卞美年出来了。由于翁所长有事，召见我改在下午。我问卞美年："所长跟你说了些什么？""他就问我学什么的，认不认识角砾岩？我说认识，我是学地质的。他又问了一些地质学上的问题，我都回答了。别的没再问什么。""提到前天上午在办公室我们为什么没理他吗？""没有，他说地质调查所添丁加口是好事，所以他要接见我们。"下午，翁所长召见了我。见面时，我仍然很紧张。翁先生先问了我家里的情况，我一一如实回答了。最后他问："这种工作很苦很累，你为什么要干这个呢？"我不假思索地说："为了吃饭。"翁所长听后，忽然大笑了起来："说实话好，好好干吧！"召见很快就结束了。谈话虽然很短，不承想，翁的一笑，决定了我的终身。

第二天，裴文中通知我们回家准备好自己的行李。两天后，卞美年和我还有王存义先生就随裴文中去了周口店。我的工作也正式开始了，那就是协助裴文中在周口店搞发掘。

阅读笔记

阅读思辨

? 1.作者为什么会选择去图书馆自学？他在图书馆学到了什么？

? 2.作者在中国地质调查所的工作经历中，遇到了哪些重要的人物？这些人物对他的职业生涯有何影响？

初到周口店

在交通不便、条件艰苦的年代，年轻的贾兰坡和他的同事们一起，用汗水和智慧，揭开了埋藏在地下的古老秘密。本文将带你走进那个激动人心的考古现场，感受考古工作的魅力。

周口店虽然离北京城只有 50 千米，但当时交通极为不便。从前门西火车站乘火车到琉璃河下车，再等候开往周口店的"山车"。所谓山车就是周口店往外运煤或石头的火车，其开行时间不定，时有时无。如果一天等不来，还要在琉璃河车站附近的小店住上一夜，第二天再等。

那天，我们几个人乘火车到琉璃河，下车吃了顿饭，然后每人改乘一头毛驴，晚上八九点钟才到达周口店的办公地点"刘珍店"，真是起个大早赶个晚集。

从前，在周口店进行挖掘的人都住在周口店村北的一座小庙里，如瑞典地质学家和古哺乳动物学家安特生（J. G. Andersson，1874—1960）、步林（A. B. Bohlin，1898—？）和中国地质学家李捷（1894—1977）等。大概是 1928 年杨钟健和裴文中参加这一工作后，感到小庙里地方太狭窄，又时常有客人来参观，无处可住，于是裴文中以每月 14 块银元的价格向刘珍租赁了一处骆驼店，用于居住和办公，这就是我们称为"刘珍店"的地方。

点拨

交代了当时前往周口店的交通状况，为读者勾勒出一个艰苦的出行环境。

刘珍店的房子很破旧，北房三间较大一点，东西有厢房四间，北房的东间是准备给客人们用的，东西厢房为技工和放置标本用。床就是行军床，三下五除二就支好了，放上被褥就能睡觉。

第二天我们就准备发掘的工具和其他各项工作。一切都就绪，只等开工。三天后，新生代研究室的领导们来到了周口店。他们是名誉主席、加拿大古人类学家、北平（1928 年北京改称北平）协和医学院解剖科主任步达生（Davidson Black，1884—1934）；顾问、法国神父、古脊椎动物学家德日进（P. Teilhard de Chardin）和副主任、中国古脊椎动物学家杨钟健。他们是来商量发掘的地点和任务的。我和卞美年初来乍到，什么也不懂，只好听着。

他们商量来商量去，决定发掘鸽子堂内的堆积——含脉石英 1 层和脉石英 2 层。

周口店火车站以西有两座东西并列的小山。东边的一座叫"龙骨山"，西边的山较大，但没有洞穴，后来这里是杨钟健、裴文中、尹赞勋先生的墓地。南北方向有个裂隙堆积，在其中的红色土中发现了哺乳动物化石，我们将此地编号为第 2 地点。龙骨山三面为群山所围，东南望去，豁然开朗，是一望无际的河北大平原。我们所要发掘的鸽子堂位于龙骨山的东北角，是个山洞，因里边栖息着许多野生鸽子而得名。

鸽子堂内的堆积主要有两层，上面的叫石英 1 层（也称 Q1），下面的叫石英 2 层（也称 Q2）。这两层很松软，挖掘起来很容易，土虽然很潮湿，但不粘手。用铁铲和铁钩小心翼翼地挖，得到的化石很多。Q1 和 Q2 靠近北洞壁处，灰烬层很厚，往南和往东比较薄。裴先生告诉我们，灰烬层是灰黑色的，层内有很多用脉石英和砾石人工打制的石器，还有被烧裂开的骨块和石块，它们都很重要。

由于挖掘很容易，得到的材料也多，每天能装满几大筐抬回办公室。晚饭后，王存义和技工柴凤山等用鬃刷将化石刷洗干净，再分门别类地收起来。为了多学点东西，我也加入了刷洗标本的行列，当然这是出于自愿。

裴先生一再告诉我们，灰烬层和在灰烬中发现的石器很重要。经过中国地质调查所化验和德日进拿到法国化验，灰烬层确确实实是灰烬。灰烬层中发现的裂开的石块和骨块也是燃烧的结果。石块和骨块经过火烧可以开裂我相信，但有些石块愣说是人工打裂的石器，我就蒙头蒙脑了。在刷洗这些石器时，我对它们格外注意。特别是1931年法国人步日耶来华以后，我更认识到发掘工作的意义。

1931年，巴黎人类学古生物学研究所高级职员、法兰西大学史前学教授步日耶（H. Breuil，1877—1961）来华观看了周口店发掘出来的标本，他不仅完全承认所发现的石块是古时人工打制的，还认为其中的许多鹿角和碎骨有的也是经过人工打制的骨器，这些都是四五十万年前人类的遗迹。我听说后很吃惊。

练习生的地位在研究部门里是最低的，但仍属"先生"行列，能和各级领导同桌吃饭。除了这些，受苦受累的活儿都是我的事：买发掘用的物品；与来访的学者到各处看地质；他们采下的标本，装在背包里，叫我背着；我还要和工人们一起挖掘化石。

对于挖掘，我最有兴趣。开始时我什么都不懂，挖出了化石就向工人请教。他们会告诉我：这是羊的，这是猪的，那块是鹿的。认识的化石越多，就越觉得发掘工作有意思。跟着专家学者在山上到处跑，查看地质，累是累，但时间一长，从他们那里也学到了很多地质方面的知识。

点拨

通过展现作者在实践中的学习过程，强调考古工作中的实地操作和团队合作的重要性；同时表达了作者对工作的热爱和不断进步的成长历程。

特别是卜美年，他一有闲暇，就带着我在龙骨山周围看地质，不但给我讲解地质构造和地层，还教我如何绘制剖面图。他待我非常友好，我对他也非常尊敬，我们成了挚友。现在他虽在美国定居，但我们还经常通信。我到美国访问，第一件事就是去看望他，我总是把他看作启蒙老师。裴文中对我和卜美年不懂的地方，也耐心赐教，从不拿架子。我不但敬佩他，也越来越喜欢向他请教。我从他那里也学到了很多的东西。

那时，我每月的工资是25元，后来地质调查所发现错了，每月应为 26 元，又给补加了 1 元。后来，干得好的、工资在 50 元以下的每月可增加 5 元；50 元以上的，每月可增加 10 元。能挣到 26 元，对我这个刚参加工作不久的青年来说，已经很知足了，何况干得好还有加薪的希望，加之我对发掘工作已产生了很强烈的兴趣，认为能从中学到很多东西，所以我每天都是乐呵呵的，从不叫苦叫累。

　　杨钟健看我每天从早忙到晚，没有一点怨言，就对我说："搞学问就像滚雪球，越滚越大。"我一直铭记在心。只是后来我根据自己多年的体会，又在后面加上了一句"不滚就化"。在周口店工作的时间长了，才知道裴文中在周口店工作的成绩和贡献非常之大。1929年 12 月 2 日，他发现了第一个北京人头盖骨，这不用说，周口店这块山场，包括整个龙骨山和它以西的小山的一半多，就是经裴文中之手，从当地的鸿丰灰煤厂买下来的。原来鸿丰灰煤厂在这里开采石灰岩烧石灰，由于遇到了很多洞穴，洞穴里又有沙土的杂乱堆积，赔了钱而关闭。1927—1928 年，李捷和步林到这里挖掘，是向鸿丰灰煤厂租赁的。裴文中后来花了 4 500 元把它买了下来，这不但有利于发掘，鸿丰灰煤厂也把赔了的钱找补了回来，当然两相情愿。

　　再有，周口店的发掘工作越来越扩大。1931 年下半年，在裴文中的筹划下，我们花 4 900 元在山上盖了一所北京式的房屋。这是所三合院的房子，大门朝东，有个门楼，北房三间，西房三大间，南房三间，另外在后院盖了五间，作为技工住房和厨房之用。行军床也换成了铁床。裴文中先生为大家改善了居住条件，人人都非常满意。这与到处跑耗子的刘珍店相比，像进了天堂一样。我还清楚地记得，搬入新房之后，裴文中住在北房的里间，外面两间是相通的，由卞美年住。西房为宽大的正房，我住在里间，外间也是相通的，作为吃饭和接待来访客人的客厅。周口店的发掘工作，每年只在春秋两季进行。夏天雨水多，发掘现场泥泞不堪，冬季地层冻得很坚硬，发掘时会损坏化石。所以夏冬两季我们回到北京，进行标本的整理和修复工作。

点拨

这个比喻形象生动，不仅说明了学术研究需要不断积累，更强调了坚持的重要性。

狗骨架和两本书

在周口店的考古发掘中，作者不仅参与了重要的考古发现，还通过阅读专业书籍和实践制作狗骨架，提升了自己的专业知识和技能。本文记录了作者在发掘现场的点滴经历，以及通过学习和实践不断成长的过程。

每到发掘的时候，我们事先到达周口店，把准备工作做好之后，新生代研究室的负责人抵达周口店，与裴文中一起商量发掘地点。待一切敲定了之后，就全盘由裴文中负责调度。

1931 年 9 月，这年的秋季发掘开始了。连我这个什么也不懂的小学徒，也猜到准是继续发掘 Q2，因为这里发现了很多石器及哺乳动物化石和牙齿。果然不出所料，在这季的发掘中，除发现了许多动物化石外，还发现了一块人的锁骨和一块被火烧过的木炭。人的锁骨是第一次发现，这令步达生非常高兴。而那块木炭经植物学家鉴定为紫荆木炭。过去的发掘，发现过很多朴树籽，这次发现使我们了解到"北京人"烧火用的木柴至少有两种。

在鸽子堂，经过一年两季的挖掘，从洞底部往下 8 米深所遇到的红、黄和黑色泥土，也就是前面所说的 Q1、Q2 层中，发现了人的锁

点拨

生动地表现了作者作为一名初来乍到的小学徒，对发掘工作的热情和参与感。同时，也说明 Q2 地层的重要性。

骨，我们把发现地点称之为"G"地（LOCUS G）。这里的灰烬层都挖空了，往下遇到了坚硬的角砾岩。在角砾岩中虽然也发现了一些石器和化石，但不多，因而鸽子堂的发掘工作就停止了。

1932年春，各位领导经过长时间的磋商，决定挖掘鸽子堂以南到洞壁以东的部分，我们称之为东山坡。此处外露的地层多为角砾岩，很不容易挖掘。

就在这一年，我们改进了发掘方法，从过去不规则的到处漫挖，改为考古式的发掘。我们先在南洞壁上用钢钎打上等距离的孔，搛上木橛，再往木橛上钉上铁钉，挂上线坠垂直地面，然后根据指南针，在南北方向拉上等距离的白线绳，用石灰水沿线绳画线。东西方向以此类推，打出横线，分出方格。横向按A、B、C、D……编号，纵向按1、2、3、4……编号。这样就可以知道发现的东西在哪个位置，再按比例绘出平面图。

分好格后，我们又在南北向先开出深沟，查看埋藏情况，然后由一名技工带着一个工人在规定的格内挖掘。另外，每个方格内挖出来的土石有专人清理，分别放在各自的地点，经过筛选后再处理掉，怕的是标本有所遗失。

这一革新举措，给以后的研究工作带来了极大的好处，避免了重要材料的遗失。即使在清理土石中找到材料，也能知道是哪个地点、哪个层位中的。

这一年虽然改革了发掘方法，但发现的材料却不多，除了一些石器和骨器，别无所获。这些材料经裴文中、卞美年检查之后，用毛头纸包好，装入大筐运往北京的研究室。

裴文中、卞美年因在周口店没有发现什么重要材料，而回北京研究。我留在周口店，除了查看现场和做每天必须做的工作，没事就看书。这一年，我从书本上学到了很多知识。

当时，古人类学和古脊椎动物学在中国刚刚起步，国内连一本哺乳动物的教科书也没有。就是裴文中、卞美年也是边干边学。有一天，

点拨

详细描述了考古发掘中划分方格的具体操作过程，展现了考古工作者的严谨和细致。

裴文中在中国地质调查所图书馆，发现了一本 1885 年伦敦麦克米伦公司出版、福罗尔著的《哺乳动物骨骼入门》。这本 32 开、373 页的英文书，对于我们来说就成了宝贝。我们轮流着看，晚上大多是我看。

全书共分 20 章，按照裴文中的指导，我先读哺乳动物的骨架，狗的头骨和灵长目、食肉目、食虫目、翼手目、啮齿目等章节。本来我的英文底子就不好，再加上书中专有名词太多，有些专有名词，英文字典上还没有，所以只好边读边向裴文中、卞美年请教。

书读起来很费力，开始每天只能读半页、一页，有些名词要死记硬背。功夫不负有心人，我还真的按裴、卞的要求啃完了。我感觉我的脑袋开了窍，对挖掘出来的骨骼化石的辨认能力有了长足的进步，也无形中对自己的工作更增添了兴趣。

点拨

生动地表现了作者通过坚持不懈的努力，在学习上取得了显著进步，并激发出更多对工作的热情。

我们都感到这本书对我们非常有用，可是按地质调查所的规定，借出的书到期必须归还，也不能续借。怎么办？裴文中提议复印。他认识一位德国人，这个人从故宫博物院买回了一些印刷机器，准备开个印刷厂。裴文中拉着我到西郊找到他。他看了看，说可以印，只不过书皮是布面的，要贵点。商量半天，讨价还价，最后结果是复印 10 本 50 元，书皮我们自己想办法，成交了。

回来以后，我们就自己动手制作书皮，用的是花纸。其实也很容易，先往大瓷盆里放入清水，然后滴入不同颜色的油漆，用筷子轻轻点几下，水中即出现了美丽的波纹，再把道林纸放进去打湿，拎出来晾干，就成了漂亮的花纹纸。我们自制了 8 开的几十张花纸，送给了那个德国人。不久，32 开本的书送来了，我花 5 块钱买了一本，其余的都留在裴文中手里。如果他没有卖出去，大概也都积压在他手里了。这书至今我仍完好地保留着。

为了更好地认识动物的骨骼，我还和工人商量，打一次野狗。在周口店的山坡上经常有野狗窜来窜去，尤其在夜晚，野狗常常聚在一起撕咬号叫，扰得人难以入睡。打狗吃狗肉大家都很愿意。我对狗肉不感兴趣，只希望能得到一副完整的骨架。

后来还真打到了一只大野狗，工人们七手八脚地扒皮、去内脏。我在一边不住地叫喊："不要弄坏了狗骨头。"一大锅香味十足的狗肉炖熟了，大家争先恐后，拌着大蒜和辣椒大吃起来。看着工人们吃得那样香，我在一旁仍不住地大声叮嘱："不许啃坏了我要的骨头！"笑得大家肚子都疼了。

点拨

充满生活化的细节描述，增加了文字的亲切感，也让读者感受到团队的快乐氛围。

餐后，我把骨头重新煮了一遍，剔去骨头上的筋筋脑脑，再用碱水煮去油，最后我亲手装起了一具完整的狗骨架。这可是我的私人财产，我在骨头的不同部位涂上了不同的颜色，按《哺乳动物骨骼入门》中图上的名称，一一对应写在骨头上。在制作、写名称过程中，我对哺乳动物，特别是对狗的认识更加系统了。

我把我自制的狗骨架和研究室内的狼骨架做了认真的对照，发现狼的牙齿排列较稀，牙间空隙大，所以吻部延长，呈粗锥形；而狗的牙齿排列密，吻部短。这样学习，比从书中学更加直观，记得更清楚，学得也更扎实。

为了提高自己的文化水平，在发掘间断期间，我还特别愿意帮助杨钟健和裴文中打英文稿件。可别小看这种工作，它能提高我的英文水平，也能从中学到很多动物名称的专业用语和知识。

一天，我从娄公楼的办公室出来，信步走进了东安市场。我想，何不逛逛书摊和书店呢？在中原书店里，我突然发现了一本很新的英文书，是纽约查尔斯·斯克里布之子书店1925年出版的，纽约自然博物馆古脊椎动物学家、美国科学院院士亨利·奥斯朋著的《旧石器时代人类》（*Men of the Old Stone Age*），我高兴得跳了起来。但一问价钱，又吓了一跳，书价是我月工资的三分之一！寻思了半天也没舍得买。

到家后左思右想，感到这本书对我非常有用，第二天跑了去，还是把它买了回来。

这本书内容全，也通俗易懂。对于古人类，不管是欧洲发现的或欧洲之外发现的，书中都作了解释。人类如何制造石器、打击石片，什么叫石核，以及石核、石片的特征等，书中都有图解，并加注了名称。书中对前舍利（Pre-Chellean）时代工业、舍利（Chellean）时代工业、阿舍利（Achellean）时代工业、莫斯特（Mousterian）时代工业、奥瑞纳（Aurignacian）时代工业、梭鲁特（Solutrean）时代工业、马格德（Magadalenian）时代工业以及最后的阿兹尔－塔登奥伊森（Azilian-Tardenoisien）时代工业和文化，各个时代的气候、地理、冰期、间冰期等都一一作了介绍。

现在看来，此书内容虽然已显得过时，但从查阅发现古人类的地点资料来看，还是有一定价值的。它对我学习古人类和旧石器文化帮助很大。

以前裴文中曾给过我他的著作的单行本，如 1931 年在《地质学会志》上发表的《周口店洞穴层中国猿人层内石英器及他种石器之发现》，1932 年他与德日进在同一刊物上发表的《北京猿人石器文化》等，我看了后总是似懂非懂，不得要领。读了《旧石器时代人类》一书，反过来再读裴先生的文章，很多地方就明白过来了，这对我以后专门研究旧石器有极大的促进作用。

上面提到的对我极有帮助的两本书，至今我一直完好地保存着。《旧石器时代人类》我都翻散了，后来又重新装订好。我宁可做笔记，也舍不得在书上写注。现在，我还经常拿它来翻阅，它也能给我带来某些启发。

这一年，改进了发掘方法，但发现的东西不多。然而我从书本上学到了很多专业的基础知识，所以，对于我来说，这是个丰收之年。

阅读思辨

? 1.为什么作者要自己制作一个狗骨架呢？这样做有什么好处？

? 2.在文中，作者说"对于我来说，这是个丰收之年"，你认为作者为什么会有这样的感受？

难忘的升级考试

阅读提示

　　一个年轻的考古练习生，怀着对未知世界的憧憬，踏上了探索人类起源的征程。他从一个简单的标本鉴定任务开始，逐渐深入到复杂的考古发掘工作中。在前辈的悉心指导和自己的不懈努力下，他取得了哪些成绩呢？让我们一起看一看。

　　1933年年初的一天，我在西四兵马司的办公室整理标本。忽然杨钟健把我叫去，给了我一个大纸盒，里面装的都是哺乳动物的牙齿，他要我鉴定后，再写好标签给他。

　　我抱着纸盒回到自己的办公桌前。我认为这个工作很容易，因为这些牙齿中有许多是来自周口店第1地点（即北京人化石产地）。其他地点的牙齿鉴定虽然有些困难，但也能鉴定出个大概。

　　两天后，我把鉴定好的牙齿交给了杨先生，他一看就火了："这叫什么东西，我要的不是中文标签，是拉丁文的。重新来，写好了再给我！"好嘛！给我来个大窝脖儿❶。我做了个鬼脸，赶忙抱着纸盒跑回了自己的办公室。

　　经过两年的挖掘锻炼，我从书本上学到了不少。我经常帮助杨、

❶ 大窝脖儿：因为别人不给面子，造成尴尬而脸红。

裴两位先生打英文稿件，稿件中一些拉丁文名称，我不但做了记录，也背熟了很多。北京人产地发现的材料，我都一一摸过，对它们的颜色、分量也大致了解，只是材料编号很乱，有些编号还需再搞清楚。这回我更加细心，花了 3 天时间，重新鉴定牙齿，并一一打出拉丁文名称和编号。当我再次把大纸盒交到杨先生手里时，他仔细检查，然后高兴地笑了。

又过了一天，卞美年告诉我："杨先生是在考你。告诉你吧，你要升级了。因为我听到头头们对你的学习和工作倍加赞赏。"果不其然，不久我就从练习生升为练习员（相当于大学毕业生）。

当消息传开，一些地质调查所的大学毕业生对我说："你赚大发了，高中毕业才两年，就跟我们一样了。"我心里很明白，知识是自己努力学习得来的，靠占小便宜学不到。要想学有所为，自己还得刻苦努力。这次占点小便宜也是不懂就问的结果。

5月13日早晨，我随杨钟健、德日进、裴文中一起到达周口店。当天下午就讨论本年度的发掘计划，最后决定放弃东山坡，集中发掘山顶洞。如果山顶洞收获不大，还有时间改挖其他地点。这次的目的是寻找人类在发展过程中的缺环。

自1929年12月2日裴文中发现了第一个北京人头盖骨之后，为了了解北京人化石堆积和分布的情况，1930年裴文中已经清理了龙骨山北坡的地面。他把杂草和乱石都清理得差不多了。在龙骨山北坡，含北京人化石堆积、东西方向的巨大洞穴靠近南洞壁的上部，发现了这个山洞，我们给它起名叫"山顶洞"。它以前被杂草和乱石掩盖，没被发现。洞里的堆积呈灰色，地层较松软。杨、裴两位先生估计，如果山顶洞里发现人类化石，其时代也比北京人晚，也只是代表人类在发展过程中的一个缺环。计划定下来后，还有一些细节需向上级请示。15日杨、德、裴返回北平，留下的人利用这段时间，清理北京人化石产地两端，即山神庙以东一带的地表。19日裴回到周口店，我们商量了发掘步骤，第三天正式发掘开始了。

最初山顶洞外露的空隙不大，洞口朝北偏东方向，很窄。洞内南北向，像条甬道，北边约3米宽，南边最宽有8米，形状像一个火腿。原来东半部的洞顶已经风化破碎，被拆除了。发掘仍采用分格的方法，每格定为半米，每个水平层也是半米。我们绘制了1∶50的平面图和剖面图，以备往图上填发现的记录。就在这一年，又规定了每日在固定时间内，在发掘地点的东、西、南三面各照相片一张，作为原始记录。

由于裴、卞需经常回北平写论文，绘制平面图、剖面图和照相的任务都交给了我，所以我还必须学会照相。他们也常来常往，我有了重要发现就报告给他们。

我这个刚刚升为练习员的"先生"，除了跑地点、查看发掘情况、做记录、照相、填日报（每天发现的东西都要填写日报）外，还要采购发掘物品、给工人做工资表、发工资等。这些差事统统压在我肩上，每天我忙得脚丫子朝天。就是这样，我还给自己加任务：每天读几页奥斯朋的《旧石器时代人类》。

阅读笔记

?1.你觉得作者在文中有哪些努力学习的表现呢？

?2.作者为什么说"这次占点小便宜也是不懂就问的结果"？

学会"四条腿走路"

古人类学家们在周口店的山顶洞里发现了许多珍贵的文物，让我们得以一窥一万多年前的人类生活。他们用骨头做针，缝制衣服；用石头做珠子，装饰自己；他们还懂得用颜料画画。你一定等不及要看一看了吧？

最初的发掘只限于山顶洞的洞口部分及以南被拆除的洞顶的东半部。在洞口附近发现很多兔化石，还有从洞顶塌落的碎石和少许碎骨片。骨片上有人工打击的痕迹。在灰烬层中发现了因被烧过而变黑、变蓝或变白的骨片。东半部的化石比洞口附近还丰富，以鹿类化石为最多，并有完整骨架出现。此外还发现即将出生的婴儿头骨碎片和人类的牙齿、一小部分躯干骨、石器、骨器和装饰品。最引人注意的是一枚骨针，它有人的中指一般长，火柴棍粗细，一头很尖，一头带孔，稍稍弯曲。可惜针孔部分原来就破裂了。骨针的发现，足以证明当时人类已穿上缝制的皮衣了。

点拨

通过对骨针的细致描写，增强文章的感染力。

发掘到洞的西半部时，又发现了一个洞穴，内中的堆积与东部相连，说明它们原为一个洞穴。在这个新发现的洞内，发现的化石也很完整，有兔、鹿、鬣狗、獾和虎的化石，大部分是完整的骨架。

一有材料发现，裴文中就亲自坐镇。他每天上下午都在现场，嘱咐大家要小心，不要挖坏和丢失材料。装饰品尤其如此，它们体积很小，极易被丢掉。一些发现的装饰品，都保存在裴文中的文件柜里，有时我还请他拿出来欣赏，过过眼瘾。

11月间，在有洞顶部分的洞穴堆积的两侧遇到了一个向下伸展的陡坎，在陡坎之下半米深处，发现了完整的人头骨3个、躯干骨一部分。在躯干骨之下有赤铁矿粉粒，还有装饰品和石器。我国很多地方都有埋葬死者时撒赤铁矿粉的习惯。人头骨的发现，说明我们真正挖到了"祖坟"。

1934年春季，我们继续挖。在西部堆积的最下部，发现了大量的食肉类动物化石，这些动物的骨架是重叠在一起的。在最下部的红色土层中，发现了一块人的上腭骨，与北京人的很相似。这段时间里，除了发现这点人的材料，再没有什么新的文化遗物发现。至此山顶洞的发掘工作停止了。

在山顶洞发现的人类头骨和现代人的头骨相比，没什么明显差异。我们发现的所有人的材料中，连残破的都计算在内，经魏敦瑞观察和研究，共有7个个体，其中有男性老人、女性青年、不知性别的少年和婴儿，他们都属于黄种人。山顶洞中发现的石器和骨器很少，至今也没有人作出满意的解释。

在山顶洞的堆积中发现了大量的装饰品，这些装饰品中，狐和獾的犬齿最多，鹿和野狸的次之，虎的门齿最少。这些牙齿的齿根上都钻有孔，而且是两面对钻的。这类牙齿共发现了125颗之多，几乎各层都有发现。

除此之外，我们在一个女性头骨外包裹着的土中，还清理出7颗石珠。石珠比莲子稍大，是用石灰岩制成的，它一面磨平，一面微凸，边缘有敲击的痕迹，中间也有钻孔。还有一件钻了孔的扁而长的小砾石。另外还发现了4个长短不同的骨管，骨管有钢笔粗细，表面刻有沟槽。堆积中还发现了3个海蚶壳及1个青鱼的上眼骨。在海蚶壳绞合部附近凸缘部磨穿的孔较大，而青鱼眼骨边缘钻的孔很小。这些材料的发现，都证明了早在1万多年前，生活在山顶洞的人们，已经懂得美，并非常爱美。他（她）们用项饰、头饰和身上的佩饰来打扮自己，所用的钻孔工具和技术也非常高明。

除了上述的人类材料、脊椎动物化石材料、装饰物，我们还发现了鲕状赤铁矿❶碎块，其中有两块似人工从中间剖开，还可以合在一起。它们表面有并行的纹道，表明当时的人从上面刮下粉屑，当作颜色使用。因为我们发现一块椭圆形砾石，表面被染成了红色。另有一块鲕状赤铁矿碎块，一头磨得很圆滑，很可能它被当作画笔使用过。不过，我们还没发现过壁画之类的痕迹。

上述发现，证明当时的山顶洞人能用高超的工具和技术，在动物的牙齿、骨骼上钻孔，制成装饰品来打扮自己，满足爱美之心；能用动物的细骨制成骨针，缝制御寒的兽皮衣；能用鲕状赤铁矿碎石制作颜色或当"画笔"。

当然还有很多疑问难以解释，例如：缝制皮衣的线或穿装饰物的线是用什么做的？鲕状赤铁矿产地在北京西北的宣化，离北京有100多千米，山顶洞人的活动范围有那么远吗？海蚶壳产于沿海一带，他们是怎样弄到这些海蚶壳的呢？这些疑问，裴文中先生也没能解释，他只是认为山顶洞人当时活动的范围很广。

这些疑问，也常常在我脑海中徘徊，一时不得其解。20世纪40年代，李捷先生任河北省建设厅厅长，他的得力助手钱信忠先生曾对我说，在离南苑不远的地方，钻探地下，不太深即遇到了海相粗大的石英沙粒，证明北京很早曾是个海湾，且成陆很晚。所以，有可能海蚶壳产地离周口店很近。

在北京人遗址下部，我们采到了一块带窝槽的圆形砾石。它有拳头大小，石质为细沙岩，窝槽周围有压出来的痕迹。后来地质学家王日伦先生（1903—1981）到周口店参观，经他查看，认为该压坑是冰川造成的。他带着我在周口店一带寻找冰川遗迹。经他指点，在沿着

点拨

总结考古发现的文化意义，概括山顶洞人通过工具制造、审美和实用工艺展现出的生存智慧，增强了读者对山顶洞人的了解。

---

❶ 鲕（ér）状赤铁矿：以鲕状集合体形式存在的赤铁矿。鲕，鱼苗。

西山根以北约 1 千米处，我们发现了数米长、2 米宽的羊背石。

羊背石是冰川滑动过程中形成的，它的形状像羊背，羊背石的上面有冰川移动后产生的划痕。以后，我又把这块有压坑的砾石给地质学家李四光先生（1889—1971）看，他也确定压坑是冰川造成的无疑。他把这块标本留了下来，说："如果有人反对周口店有过冰川，我就拿这块标本给他看。"

后来裴文中、刘东生、汤英俊等又前往调查，在周口店西南太平山坡下的砾石层中发现了几块赤铁矿石，这证明山顶洞人使用的鲕状铁矿石，也是由于冰川运动而带到山顶洞附近的。那么，山顶洞人缝衣服和穿装饰物的线是用什么做的呢？用植物纤维不成，孔太小，纤维一抻就断。20 世纪 50 年代后期，文物管理学家王冶秋先生曾将一把像生丝一样的东西拿给我看，并问我是何物。我看了半天也说不出来。他说："这是黑龙江鄂伦春或赫哲族人缝缀皮衣用的线。"我在 1976 年唐山大地震时，也曾去过黑龙江十八站——那里正是他们生活的地方——曾得到过几根这种既坚韧又半透明的细线。

当地人把猎来的驼鹿，在靠近脊椎处将两条肉割下，晒成半干，然后用锤砸。干肉被去掉后再梳洗几遍，就可以制成这样的线。山顶洞人很有可能也是用这样的方法制出缝皮衣和穿装饰物的线的。如果真是如此，说明这种线起源很早。

两年多来，我有了长足的进步。这一方面来自实践，一方面来自书本。我已养成习惯，不管多忙，也要看书和阅读专家写的文章，并认真做泛读笔记。正像杨钟健先生对我说的那样："搞学问就像滚雪球，越滚越大。"我就是这么做的，所以我对它的体会最深。

杨钟健还对我说："搞我们这行，要'四条腿走路'。这四条腿就是'古人类学''古哺乳动物学''旧石器考古学'和'地层学'。"他所说的四条腿走路，虽然只有五个字，但给我以后的学习和工作指明了方向。今天看来，他的话对我们研究所和搞这行的人来说，也具有深刻的意义和影响。

点拨

"四条腿走路"的比喻形象生动，易于理解，突出多学科交叉综合研究在科学探索中的重要性。

刻在心间的名字

阅读提示

为了探寻人类起源的奥秘，一代代科学家前赴后继。贾爷爷作为亲历者，深情回忆了与步达生、裴文中、杨钟健三位前辈交往的点滴，带领我们走进那个激情燃烧的科学探索时代。他们的故事，不仅是一段科学史，更是关于奉献、传承和不朽精神的动人篇章。

点拨

采用对比手法，将"悲痛和怀念"与"唾弃和谩骂"对立起来，阐明了人的行为与身后名之间的关系。"一把尺子"的比喻形象生动，通俗易懂，将抽象的道德评价具象化。

人有生就有死，生命有长也有短。有人死后让人感到悲痛和怀念，也有人死后受到唾弃和谩骂。为什么？用一把尺子衡量，那就是在他活着的时候，是与人为善还是与人为恶；在工作上是勤勤恳恳有所成就还是碌碌无为虚度年华。步达生的死就使许多人感到悲痛。

步达生，1884 年 7 月 25 日生于加拿大多伦多。1934 年 3 月 15 日逝于北平他的办公室内。他 1919 年来华，先后任北京协和医学院解剖科主任、神经学和胚胎学教授。1926 年周口店发现了人类牙齿之后，他力排众议，不但承认人是从猿进化而来的，还给"中国猿人"定了拉丁语的学名——"Sinanthropus pekinensis"（原意是北京中国人）。到 1935 年德国犹太人魏敦瑞来华接替了步达生的工作后，其学名才改为"Homo erectus pekinensis"（北京直立人）。

步达生的年纪比我大 24 岁，按中国人的习惯他应属于我的父辈。他身材瘦小又有点驼背，但总是笑容可掬，待人非常随和，大家都喜欢和他接触。他总是教导青年人要好好干。

在中国地质调查所新生代研究室成立的过程中，步达生做了大量的工作。他先与美国洛克菲勒财团联系资助，后又与地质调查所协商成立新生代研究室的各项事宜。新生代研究室成立后，他任名誉主任。

步达生本身是个医生，患有先天性心脏病，他深知应该多休息，别人也经常这样劝他。可他把研究工作看得很重，很少有休息的时候。为了早日完成工作，他常常熬夜甚至通宵工作。一工作起来他就把自己的病抛到了脑后。他去世之前的那天下午，杨钟健在下班前还到过他的办公室，与他谈论工作。杨先生走后，也曾有人找过他，敲他的门，没人答应。最后到处找不到他，有人把他办公室的门撞开，才发现他趴在办公桌上，手里捧着人头骨，已经过世了。

对步达生的死，大家极为悲痛，我也深受震动。他那样勤勤恳恳地工作，我比他年岁又小那么多，在工作上和学习上岂能偷懒？从此我下定决心，一定要把知识学到手，努力工作，做出成绩来。

我永远不能忘记的另外两位前辈是裴文中和杨钟健。他们对我的培养和帮助是我工作上、学习上不断取得进步的重要因素。

裴文中先生 1904 年 3 月 6 日生于河北省丰南县（今唐山市丰南区），1927 年毕业于北京大学地质系，毕业后即进入地质调查所工作。1927 年起参加了由李捷和步林共同领导开展的周口店大规模发掘工作。1928 年李捷到南京中央研究院任研究员，1929 年步林参加"中瑞西北科学调查团"工作，周口店的发掘由杨钟健和裴文中两位担任。1929 年杨钟健与德日进前往山西和陕西北部考察地质，周口店的工作由裴文中一人负责。

裴文中为周口店的发掘付出了心血，立下了汗马功劳。在周口店

点拨

细节描写不仅增加了文章的真实感，而且为读者鲜活地呈现出一位兢兢业业的科学家形象。

点拨

通过细节刻画，让读者感受到裴文中对工作的投入，及其不分日夜的奉献精神，凸显他平实、低调却不懈追求事业的高尚品格。

期间，他从早到晚不停地工作，既无星期天也无休息日。他和工人一样，日出而作，日落而息，就像过着原始生活。

他对工作，特别在管理方面抓得很严。不管有几个发掘地点，他都是东奔西走到处查看，唯恐失漏和挖坏了标本。他严格地执行着填写"日报"和"月报"制度，还经常改革一些运送渣土的方法，以减轻工人的劳动强度。

他没什么嗜好，很少进戏园子和电影院。当时收音机很盛行，但周口店工作站没有。他平时好说笑，话语中经常带点苛刻和调侃，逗人发笑。我参加了周口店的发掘工作之后，登记标本、填写日报与月报等杂七杂八的工作就交给了我，以前这些事都是由他一人承担的。

1929年12月2日下午4时，他发现并亲手挖掘出了"北京人"头盖骨，就像发现了宝贝一样。那时已经日落，洞里更黑，他点着蜡烛，还是把它取了出来。他脱了上衣，裹着它，小心地抱着，慢慢走回了办公室。从此他也成了国内外的知名人士。

在以后的工作中，他仍然一丝不苟，从不拿"大"。他是学地质的，对古人类学和古生物学也是边干边学。从1932年起，他对周口店的食肉类化石发生了兴趣，经常一边翻阅文献一边拿着现在的兽类骨骼作对比，有时到深夜还在研究。功夫不负有心人，不到两年，他就完成了《周口店猿人产地之食肉类化石》的巨著。

在工作中他有"三勤"，即口勤、手勤、腿勤。每当野外调查，他知道了化石的出处后，不管路多难走也要亲自跑去查看，遇见化石必亲自动手挖掘。他从不把别人发现的材料作为自己的研究资料。我在《令人怀念的裴文中先生》一文中写道："他最大的优点是对人和蔼，从不拿'大'，吃苦耐劳，乐于助人。"在与他一起工作期间，我从他的言传身教中，学到了很多宝贵的东西。

杨钟健先生也是如此。他1897年6月1日出生于陕西华县，比我大11岁。他为人厚道，善于育人，一生培养了很多人才。他尊老

点拨

简洁明了，通过"三勤"生动形象地描绘了裴文中的工作作风，突出了他的勤奋精神。

爱幼的精神为人称道。

1919 年他考入北京大学地质系。孙云铸先生（1895—1979）比他先一年毕业，留校任助教。他们的年岁差不多（孙云铸只大 2 岁），但杨钟健一直称孙为老师，而孙云铸身着布衣、布鞋，头顶旧草帽来我们研究所时，也一直称杨钟健为先生。杨钟健是个急脾气，工作不顺心时就发火，而后他感到自己做得不对，又会亲自赔礼道歉，从不计较。

有一次他看到了我请别人为我刻的一枚藏书章，因为上面只刻了"贾兰坡藏"四个字，没有书字，他就问我这章是藏什么用的。我心想，这不是明知故问吗？除了藏书还能干什么！我没好气地说："藏什么都可以。""盖在馒头上呢？""盖在馒头上藏馒头，盖在窝头上藏窝头。"没想到，他居然呵呵笑个不止。仔细一想，他问得有道理。之后，我又请人重刻一枚"贾兰坡藏书"的章，但这枚章我未用过。

阅读笔记

他对标本的陈列很重视。抗日战争爆发后，中国地质调查所南迁，地质调查所陈列馆的许多标本也运往南京。当时杨钟健任北平分所所长，他嘱咐我重建陈列馆。我把山顶洞发掘出来的完整的动物化石，组装成骨架，按当时的生活环境和方式，在丰盛胡同 3 号南大厅开辟了一块山顶洞时期动物生活的小园地。杨钟健非常感兴趣，常常来指导工作，这些材料现在保存在中国地质矿产部 ❶ 地质博物馆内。

新中国成立后，杨钟健除了担任中国科学院编译局局长，还任中国科学院直属的古脊椎动物研究室主任。

我除担任研究工作外，还兼研究室秘书并负责周口店和研究室的标本管理工作。

有一天，某大学来函索要周口店北京人产地发现的动物烧骨 ❷，我就到丰盛胡同 3 号后楼的标本柜里寻找。突然，我发现了一块外表像人类胫骨的化石，长度比中指长。之后，又找到了一块被烧过的人的肱

---

❶ 中国地质矿产部：成立于 1982 年 5 月，后并入国土资源部。

❷ 烧骨：旧石器时代用火烧过的骨头，是历史上人类用火的证明。

骨。我马上给杨钟健通了电话。他听说后要我马上带着标本去见他。

杨钟健仔细地看了标本，第二天又来到了兵马司再仔细查看。他问我："你是怎么区分出它是人的呢？""再小也能区分得出来。骨头只要带着外皮，有蚕豆大小就能分辨。"他兴致勃勃地说："那我得考考你的眼力。"说着叫人把几块人的肢骨和动物的肢骨背着我用纸盖住，纸上只撕了一个手指盖大的孔，让骨面露出来，然后叫我辨认。我看了一会儿，就把是人的指了出来，一点没错。杨先生高兴地说："真有你的。"此后杨先生一再叮嘱我，要我把辨别的方法写出来发表。在他的鼓励下我写了一篇《如何由碎骨片中辨认出人骨》的短文，发表在《科学通报》1953 年 2 月号上。

能够辨认人骨和动物的骨头是我平时注意观察的结果，我摸索出了一些经验。人的骨头表面有许多棕眼式的小孔，暂且叫它为"纤孔"，以肱骨表面最为明显。

纤孔是顺着骨头长向而生的，带有尾式沟，在放大镜下观察像蝌蚪，呈大头长尾状。纤孔排列不规则，有的上下倒置。纤孔多是向侧方倾斜穿入骨里。纤孔较大是人骨特有的性质，而一般兽骨表面的纤孔较细小、平滑。虽然有时骨骼放得久了，因受气候的影响，受酸性物质的侵蚀，骨的表面会发生细微的裂纹，但兽骨只是有沟而孔很少，远没有人骨的多。

通过自己的努力，我取得了一点成绩，受到了前辈们的支持和鼓励。反过来，这些成绩也增加了我继续发奋的信心。所以说，没有自己的努力，没有老一代科学家的支持和帮助，一个人的成功是不可能的。

在我家的客厅里，还挂着老一辈科学家的照片。虽然他们大多数都去世了，但我在工作上遇到困难的时候，看一看这些前辈们的照片，从中也能得到很大的鼓舞。

点拨

两个"仔细"强调了杨钟健严谨的科学态度，他对标本重复检查，体现了他在考古研究中一丝不苟的工作作风。

点拨

以深情的笔触表达了对已故前辈的缅怀之情，并借助照片这一媒介，继承和发扬了前辈精神，令人动容。

主持周口店发掘

阅读提示

　　在裴文中去法国留学后，贾爷爷接手主持周口店发掘工作。虽面临重重挑战，但贾爷爷在杨钟健和魏敦瑞的指导下，不仅成功主持了发掘工作，还积极寻找新的化石地点，并确立了在旧石器时代考古领域深入研究的目标。

　　按照预先的安排，裴文中 1935 年要去法国留学，所以从 1934 年起他就不经常来周口店了，他要在家学习法文。卞美年对考古这项工作不感兴趣，他对经济地质感兴趣。而这一年的春天，我又晋升为技佐（相当于助理研究员或讲师），周口店的工作，实际上由我在负责。

　　从实践中，我学会了挖掘的程序，一些原来由裴先生承担的工作，如绘制剖面图、平面图，照相，标本的记录、编号，填写日报、月报等既多又杂的工作，只要我学会了一样，裴文中就会叫我多干一样，这也无形中锻炼、培养了我。

　　裴文中要走，领导想把主持周口店发掘的工作交给我来做，让我接裴文中的班。我虽然热爱这项工作，但总觉得自己不够格，感到压力很大。经过杨钟健的一番开导，我也只好从命了。

　　主持周口店工作以后，我生怕自己胜任不了，把工作办砸了，心

点拨

　　这段话反映了作者在面对挑战时的心理状态。

103

里一再打鼓。不久，杨先生派来了燕京大学生物系毕业的孙树森和北京大学地质系毕业的李悦言参加周口店的工作。杨钟健打算叫孙树森跟我合作，叫李悦言学习如何发掘和处理化石。我心里很高兴，这回有了伴，遇见什么事也可以商量了。可是没过多久，孙树森就开始埋怨，说这是把他发配到周口店，整天和石头、骨头打交道，毫无乐趣。他没待几天就走了，据说后来到某个中学教书去了。李悦言也只干了一年多，就到山西垣曲搞始新世化石去了，结果周口店又只剩下我一个人。

就在我接班的这年，美籍德国犹太人、世界著名的古人类学家魏敦瑞（Franz Weidenreich，1873—1948）来华接替步达生的工作。来华之前，他在美国芝加哥大学任解剖学和人类学教授。那时候他就认为，周口店发现了头盖骨、下颌骨和许多人牙，但人体的骨骼很少，是由于发掘的人不认识的缘故。

到了北平之后没几天，魏敦瑞就到周口店检查工作，之后又接二连三地到周口店勘查地层，仔细观察工人们挖掘化石的工作，还问过我大型食肉类动物的腕骨与人的腕骨有什么不同，我对他做了详细的解答，他很满意。最后他对周口店的工作信服地说："这样细致的工作，不会丢掉重要东西，是可靠的。"从此以后他不常来周口店，每个季度只来一两次。1935年的发掘主要集中在北京人遗址，只有一小部分人仍然发掘山顶洞的下部堆积。这一年的结果，除了发现一些人牙、灰烬层里的一些烧骨和石器，没有什么新鲜东西。但使我感到奇怪的是，上层发现的石器较小，底层发现的石器较大。我常自问，这是为什么？

没有新发现，就觉得自己的工作没成绩。我向杨钟健建议，停止周口店的发掘，把人员分成几个小分队，由我带着到周口店以外的地区寻找新的地点。我想，古时的人总不会在周口店一处生活吧？杨先生怕改变发掘地点和范围，会有悖于当时地质调查所与美国洛克菲勒基金会两方签订的协议，而得不到资助，反而不好，所以没有同意。

其实，为了找新地点，从1934年起我就开始了行动。有时我和技工杜林春，有时是和技工柴凤歧等人出去寻找。我们往西到了斋堂，即马兰台（"马兰黄土"的标准地点）。其实所谓的马兰台并不标准，真正的标准地点在马兰台以北、东西大道的北山坡上。

寻找和开辟新地点成了我们额外的工作。特别是与专家学者们一起去勘查，从中更能学到很多地质学、古生物学、古人类学等方面的知识。在20世纪30年代后期，我们曾到离周口店之北数十千米的灰峪。在那里发现过一处很好的哺乳动物化石地点，我们把它编为第18地点，后经德日进研究，此处地质时代为早更新世。

在周口店北京人化石地点之南不足2000米的地方，有一座小山，其顶部高出现在的河床约70米。上面有一个簸箕形的沙岩沉积物，沙质很细，沙层薄厚不同。用钢凿把沙层揭开，就发现了鱼的化石。鱼化石很多都是整条整条的，身子还微微鼓起来，鱼刺看得清清楚楚。化石表面还有光亮的鳞片，栩栩如生，十分惹人喜爱。后经科学家研究，其所处地质时代为上新世。这证明了七八百万年前，在山顶上是一条河。北京人居住过的洞穴，其顶部大约也高出地面70米，上面也有一层细沙，细沙上面还有一层砾石。这些都是被大水冲流的凭证，显然这一带的地层曾有过抬升。这些额外的发现，对未来的地壳抬升研究很有帮助。

裴文中先生到了法国，我于当年10月17日收到了他9月24日的来信，信中说："……我觉得我国许多山洞应当钻。上房山云水洞好，请与杨钟健、卞美年二先生去一趟。扁担窝及附近洞也请去看看。地上、壁上都要留心。入洞时要特别小心，不可粗鲁，因时有危险，最好买一部手提电灯，走到十字路口要留记号，以便出来。洞内有水，深浅不易辨别，先试着走。如此可以探洞，或有发现。"这也说明裴文中先生也有寻找新地点的想法。

点拨

这句话体现了作者在工作上的主动性和积极性，展现了其对考古事业的执着追求。

点拨

这段话详细描述了发现鱼化石的地点和过程，强调了地质特征和化石的保存状态。这种细致的描写记述了丰富的背景信息，有助于读者理解发现过程。

魏敦瑞来了之后，为了寻找人类化石和文化，他想扩大发掘范围，不过还是叫我们先集中力量发掘第 1 号地点（即裴文中发现第一个头盖骨的地方）和在它之南的 15 号地点。我每天在这两个地点穿梭般地跑，唯恐丢漏人类化石。对于已发现的化石，魏敦瑞一点没兴趣。

卞美年从北平给我来信，要我把 15 号地点的工作告一段落，即挖完一层就停止，然后集中力量挖第 1 号地点。他的信对我很有启发。他又在另一封信上说："找不到东西（指人类化石）可以不必发愁。月底收工，如果没有的话，那是死鬼要账（北京俏皮话"活该"的意思），咱们是变不出来的。"我想想也是这个理，挖不出来我有什么办法。

卞美年的来信虽然给了我一些安慰，但没有发现人类化石，我心里也时常很烦闷。烦闷时，我就把已发现的石器和骨器拿出来观察。以前发现的石器编了目录，骨器也编了号，1932 年发现的石器我都亲手摸过，很熟悉。所以一有闲暇，我就对它们进行分类和研究，不想越研究越想再深入，越想深入就越着迷。我想，我何不在旧石器时代考古上下功夫，创出一个新天地，争取做一名高手呢！从此我就为自己确立了新的目标——旧石器考古。当然杨先生说的四条腿走路还是必须坚持的，因为它们之间有着内在的联系。

点拨

展现了作者对考古工作的热爱和不断思考、不断深入的钻研精神，这种积极的学习态度值得我们学习。

阅读思辨

？1.为什么作者在接手主持周口店发掘工作时感到压力很大？

？2.魏敦瑞对周口店的发掘工作提出了哪些建议？这些建议对作者有什么帮助？

盐井沟挖"龙骨"

1936 年，贾爷爷和技工杜林春受命前往四川万县盐井沟进行哺乳动物化石的调查和发掘。在这次考察中，他们不仅发现了旧石器时代的石器，还在盐井沟的深坑中找到了化石残渣。不过，他们这一次的考察却充满曲折和意外。

人类化石找不到，才觉得开辟新地点很有必要。1935 年完成了周口店的发掘工作后，1936 年初经所长批准，我和技工杜林春被派往四川万县（今重庆市万州区）盐井沟进行调查和发掘，因为有人在那里发现过很多的哺乳动物化石。

到达宜昌的第二天，我俩就跑到河边勘查，偶然间发现了一块上窄下宽呈尖形的石器。该石器是用火石薄片从两面打制而成的，虽经河水冲刷，但打击的痕迹很清楚。从考古上看，它的时代相当于欧洲的旧石器中晚期。能捡到石器，我俩非常高兴，我们马上沿着南岸在河滩上和岸边仔细寻找起来。找了一天，一无所获。我们的目的是到万县（万州区）盐井沟找哺乳动物化石，所以不敢在此久留。第三天，我们雇了一只小船，沿江右岸逆水上行，往盐井沟而去。

小船载着我俩先到了一个小镇，镇上只有百十户人家。我俩找了一家小店住下。店主人是一对夫妇，他们总共只有三间房，一间他们夫妇住，中间是烧饭的地方，另一间就是我俩住。这里是否就是盐井

点拨

作者通过对石器的细致描写，展现了作为考古学家的专业素养，同时也为读者普及了考古学知识。

沟也不得而知，只听说曾有外国人到过这里，挖过"龙骨❶"。第二天我俩由一个十二三岁的小孩领路，前往挖出化石的地点。小孩带我们东拐西绕，到了下午2点多才又来到一个"村庄"。其实这个所谓的村庄里，家舍都不相毗邻，东一家西一家的。此时我们饿得肚子咕咕直叫，走到一家门前，看见一位年轻的妇女，想要点吃的。她看看我们说没有，就跑进屋了。领路的小孩指了指在外间屋子挂着的篮子，杜林春过去摘了下来，看见里面装的是用稻米饭捣成的饼子。正在这时有位老太太走了进来，她问："是哪里来的客呀？怎么不进屋啊？走，进屋我给你们烧饭。"说着把我们让进了屋，接着又动手把米饼切成薄片，炒了三大碗名为"炒饵块"的食物。我们狼吞虎咽，吃了个精光。我们向老太太道了谢并付给她小孩1块银元作饭钱。

其实我们要找的地方沿山路拐两三个弯就到了，并且当地早已为我们准备好了伙食和住处。我们被小孩领错了路。找到了地方后，休息了一宿，第二天早晨天一亮我俩就跑到化石地点查看。一到目的地，心凉了半截。这里出土的化石并非来自洞穴，而是来自石灰岩地带井式直上直下的深坑。我们借来梯子下去查看，发现里面有很多当地农民挖"龙骨"后剩下的骨头渣子。没办法，我们只好雇了几个农民，把红色的土一筐筐吊上来，我俩在上面捡骨头渣子。我俩也想找个新井穴，但此地植被太多，很不容易找。这样工作了五六天，看看也没什么收获，我们就返回了刚来时住的那家镇上小店。翌日，我们雇了条小船沿江南岸而下，边行边查看，遇见土层外露的地方，就下船查看。走走停停，这段时间里也未找到东西，我们就又回到了宜昌。在宜昌岸边的始新世地层中，我们得到了一块龟盖和一个相当大的动物头骨。这个头骨我俩花了半天才把它挖出来，也算是我们万县之行最大的收获了。

这是我第一次出远门，开阔了眼界，也尝到了地质调查的苦。为了不影响周口店的工作，我们在宜昌草草收场，然后赶回北平。在家没待多久，周口店新一年的发掘工作就又开始了。

---

❶ 龙骨：化石。

点拨

通过老太太的热情招待展现了当地居民的善良与淳朴。此处不仅丰富了人物形象，也让读者感受到异乡的温暖，增强了故事的情感深度。

发现了三个头盖骨

> 1936 年的周口店，考古工作者在艰苦的条件下坚持探索，终于取得了重大突破：连续发现了三个"北京人"头盖骨！本文将带你走进那个激动人心的时刻，跟随贾爷爷亲历这一重大考古发现的全过程。

1936 年周口店的发掘任务仍是寻找人类化石。李悦言、孙树森两人相继离开了周口店，我又成了光杆司令。魏敦瑞来北平一年多了，除了一些人牙，没有见到其他重要材料，心急如焚。其实我们也是如此。更使我们担忧的是，美国洛氏基金会只给了 6 个月的经费，而魏敦瑞拨给周口店的费用每月又只 1000 元。如果 6 个月后再无新的发现，洛氏基金会可能会断了对周口店的资助。

此外，日本侵华战争也正一步步向华北推进，中国地质调查所已随国民政府迁往南京。

杨钟健就任北平分所所长，他担心新生代研究室得不到资助，会散摊，我会另找工作。当时我已升为技佐，相当于讲师，找一个教书的差事不会很难。他找我谈了几次话。他问我："如果新生代研究室取消，就在周口店成立个陈列馆，你去管理怎么样？愿意不愿意？"我同意了。尽管大家对"后事"都做了安排，但我是周口店的负责人，还是兢兢业业、勤勤恳恳地在周口店干，一点儿也不敢马虎。杨

点拨

描述了发掘工作面临的巨大经济压力和战争威胁，凸显了环境的复杂。

109

钟健也是三天两头地到周口店检查工作，他看见大家都用心工作，也放了心。

天无绝人之路。正当我们为找不到人类化石而一筹莫展的时候，在这一年的10月22日上午10点钟左右，当我们发掘到8~9层时，我突然看到在两块石头中间，有一个人的下颌骨露了出来。当时那高兴劲儿就别提了，我马上趴在现场，小心翼翼地挖起来。下颌骨化石已经碎成几块，每块都被土石包裹着。我们立刻把挖出的化石拿到办公室修理，再用火炉子烘干，第二天派人把它送到了魏敦瑞手中。他看到后，高兴了起来，长时间愁苦着的脸有了笑容。几个月的工夫没白费，发现了下颌骨给大家以很大的鼓舞，我们都来了精神，我决定继续干。11月15日，由于夜间下了一场小雪，到了早上9点钟我们才开始工作。9点半，在临北洞壁处，技工张海泉在他负责的方格内的沙土层中，也挖到了一块核桃大小的碎骨片，当时我离他很近，看见他把骨片放进了小荆条筐里，我问是什么东西，他说："韭菜（即碎骨片之意）。"我过去拿起来一看，不由大吃一惊："这不是人头骨吗？"大家听我一嚷，也马上围了过来。

我马上派人把现场用绳子围了起来，只许我和几名有经验的技工在内挖掘，其他人一概不许进入。我们挖得非常仔细，就连豆粒大的碎骨也不遗落。在这半米多的堆积内，发现了许多头盖骨碎片。慢慢地，耳骨、眉骨也从土中露了出来。我们这才明白，头盖骨是被砸碎的。直到中午，这个头骨的所有碎片才被全挖出来。我们将碎骨送回办公室清理、烘干、修复，把碎片一点一点地对粘起来。

下颌骨发现后，就有人断言"新生代研究室要时来运转了"。我们高兴的心情还没平静下来，下午4时15分，在上午发现头盖骨的下方，略北约半米处又发现了另一个头盖骨，它的情形与上午的第一个相仿，均裂成了碎片。这时天已经渐黑，我派6个人在现场守护，以防意外，同时打电报向当局报告。

点拨

"只许我和几名有经验的技工在内挖掘"的安排，"连豆粒大的碎骨也不遗落"的工作细节，体现了"我们"对发掘现场管理的严谨与重视。

此时，杨钟健去了陕西未归，他的夫人王国桢四处打电话找人。找到卞美年后，卞美年第二天早上急急忙忙跑去找魏敦瑞。魏敦瑞还没起床，他听到消息后，从床上跳了下来，急着穿好衣服带着夫人、女儿同卞美年一起，由他的朋友开着汽车来到周口店。

我们一宿没合眼，粘好了第一个头骨。当魏敦瑞到来后，我们从柜子里将头骨拿出来给他。他的手不住地发抖，太激动了！他不敢用手去拿，而是把头骨放在桌上，左看右看，着实看了个够。之后他的夫人说，当他早上听到这个消息时，从床上一下就跳了起来，连裤子都穿反了。

午后，魏敦瑞一行又到发现第二个头盖骨的现场，查看挖掘的情况。由于怕挖坏，挖掘的速度很慢，他们只好带着第一个头骨返回了北平。第二个头骨的碎片，直到日落西山才搜索完毕。此时，当地的村民以为我们挖出了宝贝，发了大财，都跑来围观，在回办公室的道路上也聚集着很多的人。回到办公室，我们又是修呀、烘呀、对碴呀、粘呀，折腾了一宿。17日夜我携着这个头盖骨乘火车回北平，亲手把它交给了魏敦瑞。

真可谓"柳暗花明又一村"。11月25日夜又是一场小雪。26日上午9时，在发现下颌骨的地方之南3米、之下约1米处的硬角砾岩中又找到了一个头盖骨。这个头盖骨比前两个都完整，连神经大孔的后缘部分和鼻骨上部及眼孔外部都有，其完整程度也是前所未有的。大致修理之后，我于翌日携带它返回北平。亲手交给魏敦瑞时，他竟"啊"了一声，两眼瞪着，发了很长一会儿呆，才缓了过来。

在发掘这三个头盖骨的地方，我注意到了一个问题，就是在前面两个头盖骨的地层中同时发现了大量的石器，其人工打击的痕迹很清楚。唯第三个头盖骨，虽保存完好，其出土处也得到些沙石片，但石片上没有人工打击的痕迹。对此我产生过疑问。我一直在想，第三个头盖骨当初是否被移动过？

11 天之内连续发现了三个头盖骨、一个下颌骨和三枚牙齿的消息，一时传遍了全国和全世界。各地报纸纷纷登载这一消息，领导也特意叫我照了一张相片，洗印 100 多张，以提供给各地报纸发表。后来一家英国专门搜集剪报的公司给我来信，说只需付 50 英镑，就可以把他们搜集到的世界各地发表的、有关发现三个猿人头盖骨的 2 000 多条消息的剪报给我。50 英镑啊！我没钱买，去它的吧。

此时，新生代研究室秘书乔石生在给我的信中说："……再者兹有喜事一件请为兄告，即昨日弟往西城工作，在杨大所长桌子上见有翁文灏所长来信云吾兄，'近来在周口店成绩甚佳，虽并非大学毕业，而数年追求很具根基，故应特别待遇，而特奖励'等语，即请兄静候晋级加薪可也。"

中央地质调查所北平分所于 12 月 19 日在中国地质学会北平分会上，特别邀请魏敦瑞和我作报告。我谈了挖掘和发现的经过。魏敦瑞在报告中说："现在我们非常荣幸，因为中国猿人在最近又有新的发现：10 月下旬曾发现猿人下颌骨 1 面，并有 5 个牙齿保存；11 月 15 日一天之内，又发现猿人头盖骨 2 具及牙齿 18 枚，26 日更发现 1 个极完整之头盖骨。对于这次伟大之收获，我们不能不归功于贾兰坡君。因为当发现之始，前二头骨化石，虽成破碎状态，但贾君已知其重要性，并施用极精的技术，将其挖出，并经贾君略加修理，后才由卞美年君及余携手研究。"

一时间，我仿佛成了英雄，无论是地质调查所的领导、同事们，还是新闻界的人士，都在为我欢呼、呐喊，这使我感到不安和惭愧。我深知自己吃几碗饭、有多少斤两，对于加在我头上的荣誉，我很冷静。我想，这些赞扬都是对我的鼓励，离真正的荣誉，我还差得很远很远。我仍需努力工作和学习，否则对不起培养我的老一代人。

点拨

这段文字展现了作者在面对荣誉时的冷静和谦逊。尽管获得了广泛的赞誉，作者依然保持清醒的自我认知。

辗转云南行

阅读提示

> 1937 年，古生物学家贾兰坡先生带领团队远赴云南，踏上了一段充满未知与挑战的科学探险之旅。他们穿越崇山峻岭，深入洞穴，寻找远古人类的足迹。本文将带领读者回顾这段既艰难又富有意义的探险经历。

点拨

开篇点明此次考察的学术背景和目的，即验证奥斯朋的假说，寻找人类起源的线索。

纽约自然博物馆已故馆长奥斯朋曾有一种说法，认为人类起源于中亚高原地区，一支往南去了爪哇，一支往北来到北京，一支西行到了德国海德堡。这一见解，在当时很流行，魏敦瑞也颇赞同。南行的一支到爪哇必须经过云南。听中国的地质学家尹赞勋和王日伦两位说，在云南的富民县河上洞中就有化石。我们决定前往调查。

得到所领导的批准和魏敦瑞的同意后，我们于 1937 年 1 月中旬出发了。这次外出只有卞美年、我和杜林春三人。出发前我还在患重感冒，在家休息。卞看我躺在床上，征求我的意见，想把行期往后推。我说，休息几天就没事了，下个礼拜可以动身。

这次外出，是想开辟新的化石地点，尽管我们已经在周口店找到了那么丰富的人类化石。对于我个人来说，在新一年周口店发掘工作开始之前外出旅行一次，也是很难得的机会。当时京滇公路已建成，但还没开通，我们只好先到长沙。我们暂住在长沙分所，打算再雇汽车到云南。汽车没雇到，只好在长沙闲等。逛大街穿小巷，观察当地的风土人情。当然我们也没忘记渡过湘江，登上岳麓山，去凭吊中国地质界的老前辈和奠基人之一、我们的老所长丁文江（1887—1936）先生。丁先生的墓地就在岳麓山上。

几天后，我们再次去公路局询问车子情况，答复是小车子没有，如果你们愿意，给你们一个中等的旅行车。车子听你们调遣，也可顺便拉上几个客人，一路上想停就停，想走即走，费用照收。我们觉得虽有不便，可一时又没有想要的车，为了赶时间也只好如此。

车从长沙出发，客人不多，很松快，连躺着睡觉都可以。西行到了桃源县，车子坏了。一问司机，才知道一时半会儿修不好，有个零件要到常德去买，真是出师不利。正在烦闷无聊的时候，我突然想起了陶渊明的《桃花源记》。那还是我上学时学过的，文章字数不多，但结构严谨，含义丰富，老师叫我们背过。"晋太元中，武陵人捕鱼为业。缘溪行，忘路之远近。忽逢桃花林，夹岸数百步，中无杂树，芳草鲜美，落英缤纷。渔人甚异之。复前行，欲穷其林……"我把这篇文章背给卞、杜两人听，又把文章讲的故事叙说了一遍。<u>我提议："既已到此，车子又坏了，天赐良机，准是叫我们游一游桃花源。你们看怎么样？"卞、杜也来了精神。我们当即雇了一条小船，沿江慢慢游荡。</u>船夫悠悠向前划行，只见前方有一片树林，船夫告诉我们，那就是桃花源了。划至近前，桃花虽不见盛开，却也含苞欲放，看得我们眼花缭乱。当时陶渊明写《桃花源记》，是渴望有一处和平安详的生活环境。虽然我们什么也没见到，觉得有点遗憾，但到此一游却赶走了因车坏而造成的烦恼。回来时已是下午2点了，我们草草吃过饭，就往坏车处赶。

车修好了，继续西行。当时的公路很窄，路面也没有柏油，只铺了一层粗沙。路面被雨水一冲，泥泞不堪。车子左摇右晃，一天跑不

点拨

体现了作者乐观的精神和积极的心态，为文章增添了轻松愉快的氛围。

了多少路。我坐在车上头昏脑涨，腰腿也酸痛难忍。我们不时叫车停下来，下车活动一下身脚。当年的旅行真是不易，与今天比较起来，有天大的差别。天色近黄昏时，到了贵州省黔东南苗族侗族自治州北部的施秉县，我们找了个旅店住下。我们三个人住在北房的一个大间里，因太累，腰酸腿疼，晚饭后大家早早就入睡了。半夜，卞美年把我推醒："你听这是什么声音？好像是同车而来、住在厢房的两位妇女在哭。看看去。"卞美年拉起我就走。敲开门一问，才知道她们的路费用光了，前不能行，后不能退，所以急得哭了起来。年老的妇女指着年轻的对我们说："这是我儿媳，要去贵阳找丈夫。"我俩一听，认为这没什么了不起，忙劝道："既然大家有缘同车而行，哪有不帮助的道理。"我回房取了 15 块银元，交给老太婆，又说："不管如何，我们一定把你们送到家。钱呢，不必挂在心上，有就还，没有就算了。"她们说了许多感谢的话，我俩也回屋继续睡觉去了。

汽车开到了贵阳东关，两位妇女下了车，她们要我们等一等。只见老婆婆跑进了一条小巷，那位年轻的女子站在车前。我们不知怎么回事，正在疑惑，从小巷中出来一个青年，后面还跟着一群人。他们走到车前，一位年长的男人叫那个青年把钱如数还给了我们，还拉着我们去家里做客。我们解释说，要去云南有急事，不能多耽搁。磨了半天嘴皮子，他们才放我们走。车子开出很远，还见他们在向我们挥手。

到了安顺，我们看见当地的少数民族妇女上着蓝色短衣，腿上打着裹腿，赤足担水在街上叫卖。我也不知她们是什么民族，拿出相机，给她们照了几张相，就急忙上了车。到了下一站，我才发现相机不见了，左找右找也没有。想来想去，是给少数民族妇女照相时，卸完了胶卷忙着上车，把相机丢在大石头上了。唉，真倒霉，这是我花 40 块钱买的。卞、杜两人劝了半天，一路上我还是很心烦。好在回到北平后，我把照片投到大公报几张，得到一些稿酬，补回了一点损

点拨

作者和卞美年的这一善举不仅体现了人性的光辉，也反映了人与人之间的互助精神。尽管该段描写十分简洁，却给读者留下了深刻的印象。

失，因为那时贵州与内地的交通不便，这种照片很难得。

路途中，还经过了一个地方，我忘记叫什么名字。只见有的人家把门板卸下来，竖在门前，上面贴着1米长、半米宽的饼子。用手去摸，软软的，很像中医的膏药。问老乡，才知道是大烟，听了之后吓了一跳。我不由得想起北京有人因吸食大烟而倾家荡产、家破人亡的情景。不想这种害人的东西，这里到处都是，能不叫人胆战心惊吗？

到了贵州西部的盘县，我们乘的那辆车就不往前走了，因为以后的路段不归长沙管辖，去云南需要另换车。我们三人找了一家小店准备住下。进去一看，脏乱不堪，床上蟟帐成了灰色，一动到处飞尘土。卞美年说，走吧，上县衙门去吧。

我们来到了县政府，县长立刻出来迎接。他早已接到长沙的通知，知道我们要路过他管辖的县去云南，为我们做好了准备。县长把我们迎进后院。后院有三间北屋，西边一间是他的办公室，东边一间是他的住房，中间那间原来是客房，让我们三个人住。室内干干净净，我们当然很满意。

在这里住了几天，县长对我们极为优待。早餐县长陪着，中餐晚餐可以说顿顿是酒席。我叫杜林春去问车，可回答总说没车。上街逛逛吧，又有警察跟随保镖。不对吧，我们越来越觉得不对劲。卞和我叫杜林春偷偷地给翁文灏（当时已任"中华民国"行政院院长）所长打了个电报，说明了我们在盘县的情况。

第二天上午这位县长就收到了翁的电报："卞、贾赴云南工作，请斥警护送出境，翁文灏。"至此县长才向我们吐了实情。原来，长沙卫戍司令部的军需，携带着一个营的军饷潜逃，就是乘我们的那辆特别待遇的车。盘县归长沙卫戍司令部管辖，所以县长接到通缉令，把全部乘客扣留。他也知道我们的底细，又不敢冒犯卫戍司令部的命令，只好用好吃好喝的办法，把我们三人给软禁起来。两天后，长沙司令部派来汽车押解犯人，又顺便把我们送到了平彝（今富源县）。

点拨

通过细腻的细节描写和心理描写，成功地营造出一种紧张和不安的氛围。作者通过对县长"优待"的描写，反衬出主人公们逐渐意识到被软禁的困境。这种对比手法不仅增强了故事的戏剧性，也让读者更直接地感受到主人公们的处境和心理变化。

117

我们是在平彝过的春节。平彝是个穷县，过年连个鞭炮声也听不见。时逢过年，饭铺又关了门，我们只好与县长在一起吃了年夜饭，初二一早就乘长途汽车上路了。车子经曲靖到云南首府昆明。在昆明，因我们揣着经济部长的介绍信、卞美年朋友的介绍信，所以受到很好的照顾。卞美年的四哥卞万年是协和医院的大夫，他事先给在昆明医院当院长的同学写了信。出发前，我的感冒并没彻底好，落下一站一坐腿便疼的毛病还是他给治好的。

点拨

通过对天气、道路和行程时间的描写，生动地展现了旅途艰辛。

昆明到富民不通汽车，我们只得雇几匹马，驮着我们和行李前进。马很小，天又下着小雨，路很难走，我们常常要下马牵着它走。从上午出发直走到傍晚，才到达预订的客栈。

休息一夜，第二天我们就前往河上洞。河上洞在县城西约4千米的螳螂川旁的山坡上，距地面有六七十米。坡很陡，我们边爬边开路。到了洞里一看，那叫脏！洞口处横卧着一具干尸，干尸手里还拿着装鸦片烟的空筒子。我们叫雇来的民工把死尸埋了，又清理了一下现场，按比例测量完洞的平面图后，就正式发掘了。

洞里各处我们都发掘了，只有右壁的角落里化石较多。每天我们也不过掘出点兽牙，兽牙的牙根也不全，像被豪猪啃过的。兽牙中有大熊猫、鬣狗、犀、貘、鹿和象的牙齿，这些动物都属于"大熊猫—剑齿象"动物群。其他没有什么重要发现。

正月十五这一天，天气很热，我们个个汗流浃背，卞美年更觉得喘不过气来。猛然间，他跳入河中，想洗澡凉快一下。我们还没反应过来，他就大叫："别下来！水太凉。"当他爬上岸后，浑身打起哆嗦。我和杜林春赶紧把他背到平地上，雇了匹耕地的马，将他驮回店房。杜上街买药，什么也没买到，丧气而归。此时卞浑身滚烫，我们也没了主意。正在这时，县长来了，他看了看卞美年，说吸口大烟就没事了。我们本来痛恨毒品，但到了这时，也不得不试试。大烟装好了，卞美年不会吸。这时有个当地人吸了足足一口，朝着卞的嘴里、鼻里猛地一喷，接着又如此喷了几次。第二天卞还真好了许多。我问："大烟什么味？上瘾了吗？"他说："要是上了瘾，我回去怎么交代呀？你们也交代不了。"

以后，卞在客栈休息，我和杜带着雇来的民工去挖掘。几天下来，仍觉得没戏，我们便带着这些化石，打道返回了昆明。

在昆明，我们马上给魏敦瑞拍了电报，汇报情况。魏敦瑞也很快回了电报："卞可留云南找新化石点，贾乘飞机速返。"接到电报后，我马上去机场探询。当时昆明只有中德合作的航空公司。该公司有飞机从昆明飞往西安，已经试飞过，还有航空保险。不过一问票价，400块，我直吐舌头。要知道400银元，当时可以买下一所小四合院呢。我只好再给魏打电报，魏回电说："不管票价多少，速归主持周口店工作。"

阅读笔记

飞机是中德20号，外表很好看。飞机上没有几位旅客，一来是票价太贵，二是刚试飞还无人敢坐。当时飞机的座舱不密封，飞到高空时，缺少氧气，乘客非常难受。空中小姐不时拿着一根皮管，往客人的鼻里、嘴里吹氧气。这样到了西安，我又改乘火车返回了北平。

阅读思辨

❓ 1.贾兰坡爷爷和他的伙伴们去云南是为了寻找什么？他们找到了吗？

❓ 2.在去云南的路上，他们遇到了哪些有趣的事情？你印象最深的是哪一件？

升为技士

阅读提示

　　贾兰坡爷爷再次到周口店进行考古发掘，尽管这一次发掘没有取得更多的人类化石，但他却发现了大量的石器和哺乳动物化石。由于工作成绩突出，他被破例提升为技士。然而，发掘工作很快就被迫中断……让我们看看到底是怎么回事吧。

点拨

这句话明确了作者的行程和工作地点。通过具体的时间点，读者可以清晰地了解事件发生的时间顺序。

　　我是在 1937 年 3 月 20 日返回北平的，月底就到了周口店。发掘地仍是周口店第 1 号地点。4 月下旬，我们在去年 11 月发现第二个头盖骨的附近半米深处，又发现了一个眉骨。从碴口❶上看，该眉骨像是第二个头骨上的。第二天，我派人回北平，将眉骨交给了魏敦瑞。

　　没几天接到他的来信，信中说："感谢你送给我这项材料。……上眉骨确实属于第二个头骨，我已把它复了位。这里的看法和我一样，或者可能发现更多的东西。"

　　周口店又有了新的人类化石发现，美国洛克菲勒基金会又资助了新生代研究室数万美元。从此，大家有了更大的希望。

　　希望归希望，这一年的发掘除了那件眉骨，并无更多的人类化石发现，所以发掘工作到 6 月草草结束。发掘中随处可见大型石器、小

---

❶ 碴（chá）口：东西断或破的地方。

型石器及破碎的骨器，很显然，这一地层当时是人类居住过的。除此之外我们还发现了一些哺乳动物化石。

除了在第 1 号地点发掘，我还派了发掘能手柴凤歧领一些人前往灰峪进行小规模的发掘。灰峪这个地点，是我们为了寻找新的化石地点背着地质调查所调查时发现的。它离周口店很远，但我们仍把它编为"周口店第 18 号地点"。因为周口店的发掘款是专款专用，在支出的单据上不打上 C·K·T（周口店的英文简称）三个字母，美方是绝对不会支付任何钱的。

这个年度的发掘虽然没有前一年那么紧迫，但杂七杂八的应酬很多。由于前一年发现了三个头盖骨，很多人来到周口店参观，其中还有美国某电影公司委托上海电影制片厂来拍电影的。这些人我都要出面接待，我还要当"演员"。

裴文中先生也来信想要周口店发掘的照片，这说明他身在法国，仍非常关心周口店的工作。提到照片，我又不得不做个补充，我在去云南途中丢了一架照相机，回来后又花了 80 银元买了一架柔来弗来相机。现在我还保留着用这架相机拍的老照片，它照出来的照片非常清楚，效果颇佳。可惜的是，相片保存了下来而相机早已损坏，被我扔掉了。

这一年对我来说很幸运。由于前一年我工作上颇有成绩，地质调查所破例提升我为技士（相当于副研究员或副教授）。提升技士职位，需上报铨叙部❶批准。批文下来之前所里暂以"调查员"的名义任用我。

此外，地质调查所还发给我奖金 200 元。这个消息是我在云南时接到室秘书乔石生的信知道的。他在 2 月 22 日的信中说："……昨 19 日接南京总所寄予郁生兄函，并由浙江兴业银行汇来奖金 200 元。……特此奉告。南京所来函原文抄录如下：'兹因台端工作勤劳并在周口

---

❶ 铨叙部：1930 年 1 月 6 日在南京成立，主要掌管全国公务员的铨叙事项。

店采集化石，管理研究颇有成绩。特发给奖金 200 元，即祈查收。此致贾兰坡君。地质调查所启。1937 年 2 月 16 日。'"

又提升，又得奖金，可谓双喜临门，但此时的我还真乐不起来。因为我们从报纸上看到并时常听到，由于国民党的不抵抗政策，军队节节败退，日本侵略军已经入侵到北平的家门口了。日寇不断寻衅滋事，并打算大举向华北进犯。在这国家和民族危亡的时刻，有谁还乐得起来呢?

6 月底，挖掘工作结束，我们照常把化石进行清理、编号、包装，装入大筐中，送到周口店火车站，准备运往北平。7 月初的一天，周口店火车站来电话说，去北平的火车不通，情况不明。第二天又来电话说，日本军在卢沟桥向国民党军队挑衅，故意制造事端，恐怕要打仗。我听到这消息，当晚召集技工和工人开会，商量对策。大家都对日本鬼子恨得咬牙切齿。最后决定，愿回北平的，大家一起走;不愿走的仍旧慢慢发掘第 4 地点。我要求他们把挖掘过"北京人"的地点用土石回填并夯实，不给日本人留下蛛丝马迹。

点拨

这句话体现了作者在国家危难时刻所表现出的忧国忧民的深沉感情。

阅读思辨

1.作者为什么要把发掘过"北京人"遗址的地方用土石回填?

2.你觉得作者在面对国家危难时的选择，体现了他怎样的品质?

周口店日寇大开杀戒

贾爷爷目睹了日军的暴行，尤其是周口店遗址惨遭破坏，多名中国工人惨遭杀害。他将这段血泪历史记录下来，让我们深刻感受到战争的残酷，也让我们铭记那些为科学事业献身的无名英雄。

我们回北平的一行人都轻装上路，沿着西山北行，整整走了两天，第二天傍晚才抵达西直门。此时西直门只开了个门缝，两边站着两排国民党兵。在城门口他们盘问了我们半天，才放我们进去。我回到自己家已经很晚，家里人因没有我的消息也正在提心吊胆。

两天后的夜里，我们听到了枪声。早晨出家门一看，满街都是帽子上带着屁帘子的日本兵，有的排着队，大皮鞋使劲跺着地走，像是对老百姓示威。日本鬼子占领了北平后，开始大家不敢也不想出门。又过了两天，杨钟健派人到家找我，要我到娄公楼去上班。我刚一上街，就碰上了日本兵，心里骂道：真倒霉，碰上了小日本。

到了娄公楼，见到了杨钟健和卞美年，向他们谈了周口店的安排，他俩认为我处理得很好，就放下心来。

说是上班，其实大家也无心干活。每天大家都谈论战事，一有飞机飞过就跑出去看，看到的多是带着膏药旗的日本飞机，只得啐口

点拨

真实地反映了在国土被日军占领的情况下，作者和同事们的工作状态和心理状态，表现了他们的无奈和愤怒。

唾沫，唉声叹气地回到办公室。尽管这样，大家一致认为，日本人是"兔子尾巴长不了"，很快就会完蛋的。

10月份起，地质调查所北平分所的人员，也陆续南迁。杨钟健行前嘱咐我，要我守住这个摊子，因为新生代研究室的工作没有结束。万一待不住了，也南下去与他们会合。

从周口店工头赵万华的来信中，我得知周口店的大部分工人也逃离了，只剩下他和董仲元、肖元昌三人。后来张海泉、张文斌回到了周口店，他们几个人留在那里共同看守。时常有大队的日本兵在那里骚扰。还有几个身着西服的人，拿着《中国地质学会志》第13卷第3期及《中国原人史要》等书，在第1地点拍照和测量。我想，日本人也要对中国猿人遗址下手了。

南下的人，时有信来。信中流露出对过去在一起工作时光的怀念。杨钟健的来信也是嘱咐工作。正在大家没着落的时候，11月下旬，裴文中在法国获得博士学位后回到了北平。大家相见十分高兴。当时，日本人虽然占领了北平，但并没占领协和医学院，所以我们仍可在娄公楼上班。裴文中一来，按他的年龄、资历和学历，自然而然成了我们新生代研究室的头头。

1938年，日本入侵越来越向内地深入。我们留在北平的人，为了与南下的人通信方便，都改用了假名。比如我的名字改为"贾若"。来信中朋友称我为"若兄""若弟"。给迁到重庆的地质调查所的同事去信，收信人地址中不能出现"重庆"二字，但只要写上"四川巴县北碚❶"，他们还可以照常收到，只是越来越困难了。

南下的人虽然离开了北平，但并没有停止工作。来信中他们对留在北平的家属表示担心。我和乔石生也常常去这些人的家中探望，嘘寒问暖，力所能及地帮助他们解决生活上的困难。我们这样做，对于家在敌人铁蹄下而身又远离亲属、在凄风苦雨中工作着的朋友，也算

---

❶ 四川巴县北碚（bèi）：今属重庆。

是个安慰吧。

5月中旬，周口店传来了令人痛心的消息，周口店的看山人赵万华、董仲元和肖元昌被日本鬼子杀害了。与他们一起被杀害的有30多人。我怀着沉重的心情，把这一噩耗报告了德日进，以及迁到长沙的地质调查所的领导们。德日进听到这一消息时，正在打字。听后，他站了起来，低下了头，默哀了一分钟，然后走出办公室。

地质调查所的领导也来信嘱托我，要我妥善办理被害人抚恤之事。他们以我的名义给协和医学院总务长、美国人博文（Trevor Bowen）写了一封信，说明了三位工人被杀害的情况，为他们申请抚恤金。6月9日，博文下发了公函，特发给死难者家属每人一年的工资，以兹抚恤。当我把情况告知长沙的地质调查所的领导和同事时，他们对日本鬼子的残酷行径表示非常愤恨，同时对这三位工人的家属能得到抚恤而感到一丝安慰。

点拨

直接点明了周口店工作人员被日本兵杀害，表达了作者的悲痛之情，同时也揭露了日本侵略者的暴行。

阅读思辨

? 1.面对危险，作者和他的同事为什么选择继续保护和守卫周口店遗址？

? 2.日本军占领北平后，作者和他的同事是如何互相帮助、坚守信念的？

进修解剖学

　　1939 年春天，贾爷爷进入协和医学院学习人体解剖学，在潘铭紫教授的指导下，通过一年的努力，系统掌握了人体各部分的知识。尽管学习过程艰辛且常伴有福尔马林的气味，作者仍然坚持不懈，最终取得了显著的进步。

阅读笔记

　　转眼到了 1939 年的春天，新生代研究室没有什么重要事可干。魏敦瑞打算叫我今后跟他一起搞人类学，所以派我到协和医学院主管入学的福开森女士那里，报名登记入学，学习人体解剖学、神经学等课程。

　　我记得我们这批学员共有 16 人，由潘铭紫先生执教，4 个人 1 具尸体。尸体都是经过处理后用纱布缠绕起来的，解剖哪里，就打开哪里。我们所用的课本是《格氏解剖学》。解剖先从大腿内侧开始，因为这个部位动脉、静脉和神经束最粗大。课程很紧，每天都要完成一个段落，一天不去，就接不上茬，所以不敢旷课。

　　经过整整一年的进修，我系统地学习了人体解剖课程，对于人体的骨骼、肌肉、神经各部分了解很多。对于我来说，这是一次非常难得的学习机会。从入学第一天起，我总是早来晚走。早晨一到医学院，换上白大褂就一头扎进了解剖室。考试的时候，对于骨骼部分，我都是免考的，因为在周口店的发掘实践中和自学中，我已基本掌握了各个部位的名称和特征。在上骨骼部分的课时，有时潘铭紫教授还叫我给大家讲解和指导。

尽管这样，我还是一丝不苟，甚至我比其他学员观察得更仔细。在我的白大褂的兜内经常装着人手腕的骨骼，没事我就摸摸，分辨是哪块骨骼，猜对了就放到另一侧的兜里，错了重新摸。熟能生巧，最后我还能分出哪块是左手的，哪块是右手的。这也是我自创的识别方法。课程完毕后，我又回到了新生代研究室，经过这一年的系统学习，我觉得有一种如虎添翼之感。

学习人体解剖，一年到头与尸体打交道，在一些人的眼里，总是有些犯忌的。处理尸体时，要用福尔马林（甲醛水溶液）、甘油和盐酸浸泡，以防腐，所以我的身上总是有福尔马林的气味。同事们都不愿意和我在一起吃饭，说我身上有一股死人味，我家里人也这么看。我差不多每天更换内衣，上课时要穿洋服（西装），外边套上白大褂。回到研究室后很长一段时间，人家才觉得我没死人味了。

由于丰盛胡同的中国地质调查所北平分所被伪政权接收，我们新生代研究室的人退了出来，回到协和医学院娄公楼办公。日本人还没占领协和医学院和协和医院。我们离开丰盛胡同3号时，把存放在后楼上的北京人遗址发掘出来的碎骨片和鹿的残犄角等装了10多箱，一起运到了娄公楼。裴先生看我招呼工人们装运碎骨片，有点不满，而我认为这批材料很重要，因为里边有很多是人工打制的骨器。

裴先生不经常到娄公楼来，他吩咐我把石器分好类，编上号，并把出土的地点和发现的年月日等一一编目，制成卡片。我按裴先生的分派编写石器目录和卡片，但一得空闲，就去摸摸从丰盛胡同运回来的骨器。虽然裴先生对我研究骨器有些不满，但我并没有耽误他交给我的工作，他也就不便说什么了。

点拨

"一丝不苟""观察得更仔细"等，生动地刻画了作者严谨求实的科学态度。将人手腕的骨骼装在白大褂的兜里反复摸索，这种独特的学习方法既体现了作者的用心，也展现了他对解剖学的浓厚兴趣。

点拨

描写与尸体打交道"犯忌"，既反映了社会观念的限制，也从侧面表现作者作为科学家，为探索真理而不惧偏见的勇气和执着。

127

在这段工作中，我对每一件石器又从头到尾地摸索、观察了一遍，这让我受益匪浅，为今后辨认石器和骨器打下了良好的基础。这期间我还仔细地阅读了裴文中的老师、法国考古学家步日耶的《周口店猿人产地之骨器物》一文。这篇文章是步日耶研究了北京人产地的骨器后发表的。文章中所述的都是一些早期发现的材料，而这些骨器中人工打制的痕迹更加清楚，我认为对研究北京人来说很重要。

看得出来，裴先生对我摆弄骨器不大满意，他不说什么，但经常发脾气。有时他发起脾气来，使人莫名其妙。有一次，室秘书乔石生为了打扫修理化石落在地上的石土，买了几把笤帚。对此，裴文中发了火。气得乔石生收拾好自己的东西要走，我把他劝住了。后来裴先生又找乔商量修理化石的事，两人间的疙瘩才慢慢地解开了。我们觉得，裴文中之所以发脾气，大概是因为南下的同事仍能大干工作，他在敌人占领下的北平没什么事可干，感到事业渺茫，心烦意乱。其实有谁心里踏实呢？

点拨

这段话分析了裴先生发脾气的原因。通过对比南下同事的工作状态，剖析了裴先生在敌占区的无奈和焦虑。

阅读思辨

？1. 作者在学习人体解剖学的过程中遇到了哪些困难？他是如何克服这些困难的？

？2. 为什么作者认为研究从丰盛胡同运回来的骨器很重要？他在研究这些骨器时遇到了什么问题？

南下受阻

抗日战争时期，北平笼罩在一片阴霾之下。作者贾爷爷为了继续科学研究，决定南下重庆。然而，一次突发的历史事件，彻底打乱了他的计划。这篇文章可以让我们去感受那个动荡不安的年代，以及一位科学家对科学事业的执着追求。

正当裴文中先生感到今后漂泊未定，总觉得不顺心的时候，杨钟健已经由昆明到了重庆北碚地质调查所任职。此时地质调查所昆明办事处撤销，所有人员均转到重庆北碚。从曾在周口店一起工作过的王存义和李悦言的来信中我了解到，他们在后方，工作虽然照常进行，但生活也很艰苦。不过我倒觉得，生活虽苦，总比被日本鬼子踩在脚下过日子，从精神上说要愉快得多，何况还可以继续进行野外工作。

我决心去南方找他们。看到裴文中心情好一点，我就和他商量南下的事。此时，裴文中和他的朋友凑了些股份，在东城南河沿开了一家"文德商行"，卖些文具、纸张和图书一类的东西。我也凑了一些股份。商行成立后，由裴先生的朋友谭德闲先生任经理。裴和我的心根本不在商行上，而这位当经理的朋友由于不善经营辞了职。有人提出叫我出任，我决心不接手，因为我的心意是南下回中国地质调查

点拨

尽管生活艰苦，但精神上的自由和继续工作的机会让作者十分向往。

所。我们帮助裴先生成立起来的文德商行惨淡经营没多久就关了门。

1941 年 4 月魏敦瑞离开北平去美国。行前我们在娄公楼 106 室为他举行了告别会，新生代研究室的人和解剖科的人大都参加了。会上魏敦瑞用低沉的语调讲了很短的话，大意是说他感谢大家对他在华工作期间的帮助，他工作很愉快，相信不久的将来他还会重返这片美丽的国土，同大家再度一起工作。会后大家一起合影留念。

日本的侵略战争不断扩大，美日关系也越来越紧张。美国政府要求在华侨民撤退，所以暂时还属于美国势力管辖的协和医学院也朝不保夕。新生代研究室的人把给魏敦瑞开的告别会称为"散伙会"。大家人心惶惶，这更坚定了我南下的决心。

没多久，裴文中收到了一封重庆中国地质调查所副所长尹赞勋的信。信是用法文写的，信中希望调我到重庆去。我看了这封信，正合心意，当然非常高兴。我马上和裴商量，希望他批准我南下。他一听就火了，没好气地说："那好，你要走就走吧。"不管他愿不愿意，也不管他是否在气头上，他说的这句话，我就当作是批准。我开始做南下的准备。

南下的准备工作真叫人伤神，除了要安顿好家里老小，还要筹集路费。更麻烦的是很难弄到外出北京的证件，这花费了很长的时间。另外，为了防止敌人盘查，还要编造出很多的来往信函，以证明自己南下有正当的理由。总之要做到滴水不漏才好。南行路线也要确定好：先乘平浦火车到浦口，渡江到南京，再乘火车到上海，从上海乘船到中国香港，由中国香港到越南，从越南到云南，最后抵达重庆。路费是从一位过去专为地质调查所印书的书商手里借的，他在南京，这样我们就有了到上海去的借口。借的钱等到了重庆后再存放在地质调查所，因为这位书商也想把钱转移到重庆后方。我的朋友杨心德在上海海格路 281 弄 30 号开了一家"上海信德机制软管印刷厂"，就是专门做牙膏皮的工厂。事先他给我来了一封信，假称聘我到他的厂里

点拨

详细描写了作者南下的准备工作和当时人们在战乱时期的生存困境。通过细节描写，使读者身临其境地感受到作者的艰辛和不易。

担任副经理。

为了这一切手续和"猫腻"，我花了很多心思和时间。可巧，协和医学院毕业后留下来工作的刘占熬准备去美国留学，杨钟健夫人认识的一位妇女也要抱着孩子去云南找她的丈夫，我们可结伴而行，互相有个照应。当然他们也各自找了南下的借口。

1941 年 12 月 7 日，我们从前门火车站顺利地登上了南行的列车，出发了。我们坐的是二等车厢，在这个车厢里只有我们 4 个人，晚上还可以躺下来睡觉。我们平平安安地在火车上度过了一天一夜，第二天上午就抵达了浦口。下了车，只见到处都是日本兵，他们对进出的旅客盘查得很严，我们感到情况不妙。幸亏事先我们准备得充分，所以虽然鬼子盘查很仔细，又搜了我们的身，但没发现什么破绽，还是放行了。

出了车站，渡江到了南京，这里也到处都是鬼子兵。我们在白下旅馆住下后，我急忙去找那位书商。见面寒暄之后，他请我吃饭。饭间他小声对我说："日本人已经在昨天夜里偷袭了美国在太平洋的海军基地珍珠港，美日之间已经正式宣战。看来，你的计划是行不通了。"我听了这消息，钱也没借，呼呼跑回旅馆。同伴们也知道了这件事，我们商量半天，结果还是决定先返回北平。

到了家，才知道家里人也在为我提心吊胆。我母亲不住地抹泪，见我突然回到了家，又有点喜出望外。

点拨

"到处都是日本兵""盘查得很严"等描绘出日本侵略者对中国人民的压迫，加深了读者对当时局势的认识。

阅读思辨

❓ 1.为什么裴文中先生决定南下？他在南下前做了哪些准备？

❓ 2.在经历了这么多曲折之后，作者最终不得不返回北平，你认为他在这次南下经历中获得了什么收获或感悟？

读后任务二

1. 阅读以下文字，回答问题。

　　两年多来，我有了长足的进步。这一方面来自实践，一方面来自书本。我已养成习惯，不管多忙，也要看书和阅读专家写的文章，并认真做泛读笔记。正像杨钟健先生对我说的那样："搞学问就像滚雪球，越滚越大。"我就是这么做的，所以我对它的体会最深。

　　（1）两年多来，"我"取得了长足的进步，你认为有哪些方面的原因呢？用自己的话总结概括下。

　　（2）你是如何理解"搞学问就像滚雪球，越滚越大"这句话的呢？

2. 阅读以下文字，回答问题。

　　人有生就有死，生命有长也有短。有人死后让人感到悲痛和怀念，也有人死后受到唾弃和谩骂。为什么？用一把尺子衡量，那就是在他活着的时候，是与人为善还是与人为恶；在工作上是勤勤恳恳有所成就还是碌碌无为虚度年华。

　　（1）如果将这段文字扩展成一篇作文，最合适的题目是：（　）

　　A. 生命的价值

　　B. 死后的评价

　　C. 如何做一个好人

　　D. 成功的秘诀

（2）为什么有的人死后让人怀念，有的人死后令人唾弃？请你用自己的话说一说。

3. 根据提示，将表格信息填写完整。

详细阅读《刻在心间的名字》一节，梳理对贾兰坡爷爷来说十分重要的三个人的信息。

人名	出生年份	出生地	美好品质
①_____	1884 年	②_____	勤勤恳恳
裴文中	③_____	河北省丰南县（今唐山市丰南区）	④_____
⑤_____	1897 年	陕西华县	⑥_____

4. 根据提示内容，完成实践制作练习。

贾爷爷说考古式发掘，要"在南北方向拉上等距离的白线绳，用石灰水沿线绳画线。东西方向以此类推，打出横线，分出方格。横向按 A、B、C、D……编号，纵向按 1、2、3、4……编号。这样就可以知道发现的东西在哪个位置，再按比例绘出平面图"，请你试着在纸上画一张这样的平面图，并想想如何表示每个方格的位置。

1. （1）一方面是参加实践活动，一方面是抽时间看书学习，钻研专家的文章并认真做笔记。（2）学习就像滚雪球，需要不断积累，这样雪球才能越滚越大，学问才能越来越深厚。

2. （1）A （2）略。解析：答案积极正面即可。

3. ①步达生 ②加拿大多伦多 ③1904 年 ④吃苦耐劳，乐于助人 ⑤杨钟健 ⑥尊老爱幼

4. 略。解析：位置表示：字母+数字，如（C，4）便表示一个位置。

美国古生物学家葛利普

阅读提示

> 　　葛利普，一位来自美国的古生物学家，在中国度过了他生命中最辉煌的 25 年。让我们跟随贾爷爷的回忆，进入这位外国学者的内心世界，感受他对中国土地的深厚情感，以及他对科学事业的执着追求。

　　刚要上班，就收到了中国地质调查所北平分所办事处于 1946 年 3 月 20 日给我发来的讣告："葛利普先生于本月 20 日下午 5 时 45 分因胃出血病故于北平西四丰盛胡同 3 号寓所，特闻。"葛利普（Amadeus William Grabau，1870—1946）于民国九年（1920 年）应聘由美来华，任中国地质调查所古生物研究室主任兼北京大学地质系教授。他来华 25 年多，为我国培养了大批地质学和古生物学人才。现今的中国科学院地学部的很多院士都是他的学生或听过他讲课。他和丁文江先生都是我国古生物学的奠基人，没有他们领头在中国建立这门学科，中国这门学科的发展还不知要推迟多少年。

　　葛利普虽然是个美国人，但他热爱事业，热爱中国。他希望通过自己的努力，培养更多的人才，把中国的古生物学科建立和发展起来。当日伪政权接收地质调查所北平分所时，他举着美国国旗坐在门口不准接收的人进入。后来他索性躺在那里。他还说，他要给他的同学、美国总统罗斯福写信，如果美国再不出兵打日本，他就和罗斯福绝交。

当北京大学南迁后，他的薪金也没了来源，暂由新生代研究室每月支付 200 元作生活费。这笔钱有时由裴文中、有时由我按时给他送去。

大概他教书有瘾，每个星期六还为我们讲古生物学。学生只有 3 个人，裴文中、我，还有一位王庆昌先生。我所知道的一点点古无脊椎动物的知识，就是从他那里学到的。

葛利普患有"千疮腿"（现在看来是脉管炎），从膝盖以下、脚掌以上遍是疮口。每日早晨，他的女秘书用消毒水为他洗疮口，然后涂上药膏，再用纱布缠好，他才能拄着双拐走路。后来他被日本人囚禁在丰盛胡同 3 号，我们无法入内才断了联系。听说在囚禁期间，他还用废旧稿纸的反面，写成了一部书稿，这本最后写的书稿被他的女秘书带到了美国，卖给了胡适先生，胡适拿到我国台湾出版了。

他入殓时，我去了。我记得当时在场的还有裴文中、高振西、田本裕，另外还有一位我记不起名字来了。我们把他那赤条条的身子用白绫子盖上。他被折磨得只剩下一把骨头了，叫我们都不由得落了泪。我们 5 个人共同把他装进一个里面也铺着白绫子的西式棺材里，送到东郊火葬场火化。3 天后，他的女秘书从铁箅子❶ 上掏出骨灰，装入一个褐色的坛子里，送到了沙滩地质馆，埋葬在院子中央，并在墓地周围种上了松树。后来，他的骨灰移葬于北京大学校园内。

点拨

通过对病情的详细描述，将一个饱受病痛折磨的学者形象呈现在读者面前。同时，也为后文葛利普在逆境中的坚韧做铺垫。

与胡适谈合作

抗日战争结束后，作者贾爷爷重返地质调查所，面对标本散乱和研究资源匮乏的困境，他积极整理和恢复新生代研究室。在试着与胡适、裴文中等人的合作中，作者展现了对学术研究的热情和坚持，最终为新生代研究室的重建做出重要贡献。

回到地质调查所，重操旧业，又搞起了老本行，我的心愿也实现了。我寻思着再好好干上一场。刚上班，已任北平分所所长的高平找我谈话，说我的职务仍然按 1937 年上报铨叙部的技士来定，并且早已正式批准。

重新回到了兵马司，除见到了裴文中外，还见到刚从辅仁大学毕业、由一位神父介绍给裴文中来此上班的刘宪亭先生。此时的一些老朋友多不见了。卞美年到玉门油矿去了，他的愿望本来就是搞经济地质，如今也如愿以偿了。与我共事多年的李悦言，虽还有书信来往，他也与侯德榜搞"红三角牌碱面"去了。杨钟健去了国外。所里的人虽还认识不少，但总觉得到了一个生疏的地方，自己倒像是个外来人。

干我们这一行，如果没有标本，没有图书，没有有能力的研究人员，就等于是个空架子。特别是标本和图书，被日本侵略者破坏了不少，一些标本也散乱了，到哪里去弄标本呢？

此时北平协和医学院也开始恢复，原来管学生注册的美国人福开森女士又回到了协和医学院。我去找她，询问新生代研究室遗留的东西。她愣了一会儿说，好像小东门外的库里有一些东西，像是我们的。说完就带着我去查看。她打开库房，屋里乱七八糟，尘土很厚，木架上和地上堆满了东西，连个下脚的地方都没有。

我仔细查找。木架子上和地上堆了很多模型的模子，还有一些现生的脊椎动物的骨架、周口店现在还陈列着的大扁角鹿的完整犄角、韩丽娥女士（美国人，曾任北平协和医学院解剖科及新生代研究室秘书）的丈夫从非洲猎来的象头骨骼，还有一些装在大黑木箱里的现代人的头骨。其中虽然有些是解剖科的东西，由于它们原先放在魏敦瑞的研究室里，也被算作我们的东西了。同时我还找到了一些新生代研究室使用过的办公桌、柜子等。经福开森女士的同意，我在上边都做了记号，准备运回兵马司。

往回运的那天，由于没有车，我们只有雇人运。一时间挑的挑、扛的扛，加上有很多动物骨架，一路上招来了很多人看热闹。

抗日战争前，新生代研究室还保存了很多现生的动物骨骼标本，在亚洲也堪称第一。我管理过标本，所以我对标本的重要性很有认识。

东西运回来后，我和刘宪亭开始整理。我们一件件重新核对，重新建卡，重新码放，着实费了很多精力，但总算把标本又整理起来了。我们每年还要对标本进行清理除尘，放上卫生球，避免虫蛀。有些零散的骨骼需制成完整的骨架，我们没有那种手艺，还是由王存义先生来完成。我们和动物园还有个不成文的协定，动物园里非病死的动物交给我们，由王存义剥制，再制成骨架，所以标本慢慢地又多起来。可惜"文化大革命"期间标本再次遭到浩劫，我们非常痛心。

新生代研究室恢复之后，裴文中就想与外单位合作。开始与裴先生接触的是北京大学校长胡适，他经常找裴先生谈合作的事。

我和裴先生在一个办公室，有时裴先生不在，胡适就跟我谈合作事宜。我做不了主，也拿不定主意。有一次高平（中国地质调查所北平分所所长）找我谈话，提起这些事，我跟他谈了我的看法。我觉得既然没事可做，如果他们能给经费，至少可以再发掘周口店，合作的事不妨试试，翁所长不是也跟美国人合作过吗？高平听了，面带怒容地说："你既然是地质调查所的人，就在这里好好工作吧。根据以前的安排，你还是主管你的陈列馆和标本。"后来杨钟健回到北平，我把合作的事跟他一说，他也不同意，还很生气，不住地拍桌子。

此时，胡适为我们找到了房子，在宣武门国会街，即军阀时期召开国会的地方。杨先生本不想去看房子，经我劝说，勉强去了。

到了那里，有人领着我们转了一圈。院子很大，紧靠东墙有处两层高的楼，是准备给我们用的。当然我们也借机参观了过去召开国会的地方。那大厅是圆形的，主席台在正中央，四周的座位从主席台周围的第一排起，往后一排比一排高。座前的小桌子上还有个墨盒，用手去拿，拿不动。仔细一看，墨盒都用钉子钉死了，看来是怕开会时，不同派别争吵起来，抛墨盒砸人吧。能借机到此参观也不虚此行。

与北大合作的事，由于杨钟健极力反对而作罢。但此后，裴文中又与燕京大学校长司徒雷登有了接触，看来裴文中先生对合作之事仍不死心。司徒雷登打算先把燕京大学校园内东北角的一处四合院交给新生代研究室用，成立个史前博物馆。

裴文中与我商量后，又与高平商量，并给南京的杨钟健去了信。结果他们都同意了，我当然更没什么可说的了。不过在往新地点拿标本时，我只拿去了一点动物骨骼，还有我正在研究的、在河南安阳附近殷代墓地中发现的马的骨骼。至于北京人的模型、石器、骨器等我

点拨

这一句带有幽默感和讽刺意味，为文章增添了趣味性。

都没敢动。倒是裴先生把他从法国带回来的东西运过去不少。

新中国成立后，燕京大学取消，北京大学搬入燕京大学，这些标本就都属于了北京大学，现在它们还存放在北京大学考古系。

在与燕京大学的合作期间，我和裴文中走访了不少著名的前辈学者，如李汝祺、鸟居龙藏（日本考古学家，时任燕京大学教授）、吴文藻等先生和谢冰心女士等。特别是吴文藻先生，我与他以前就很熟识，他经常带学生到周口店参观。从 1935 年起，我就接待过很多燕京大学的老科学家，从他们的身上我学到了很多宝贵的治学经验和品德。

阅读笔记

阅读思辨

？1.为什么作者认为标本和图书对地质调查所的工作非常重要？

？2.文章中提到不同学者对合作的看法不同，你觉得合作中最重要的是什么？如何解决合作中出现的分歧？

重振周口店

1949 年，新中国成立，百废待兴。周口店这个曾为世界瞩目的古人类遗址，在战火中满目疮痍。一群怀揣梦想的科学家，在艰苦的条件下，重新开启了对人类起源的探索。接下来，贾爷爷将带我们见证新中国考古事业的复兴。

点拨

这段文字简洁有力地交代了历史背景。用"摧枯拉朽之势"形容解放军的进攻，生动形象，增强了文字的感染力。

1949 年 1 月北平解放。中国人民解放军正以摧枯拉朽之势，向国民党反动政府盘踞着的南京挺进。全国解放即在眼前。

北平刚解放不久，人民政府向各个机关派驻了联络员。地质调查所北平分所也来了联络员赵心斋同志。有一天，陈列馆看门的老张头找到我，说有人要参观陈列馆，叫我去接待一下。当时的陈列馆在丰盛胡同 3 号，前门关闭，只开后门，斜对着兵马司 9 号分所的大门。这个陈列馆平时不开放，只供学校地质部门的学生和研究人员学习和参考之用。看门的仍是过去的老人——老张头。

老张头说来参观陈列馆的是个老人。我到时，老人正在门口等候。见面握手，彼此客气了一番。只见老人身穿蓝布制服，非常和善。我陪他边走边看。他问了很多问题，我都一一仔细地做了回答。当他看到周口店山顶洞发现的许多副脊椎动物的骨架后，说："周口店你们还应当发掘啊！"我说："新中国刚成立，国家正处在百废待兴的时刻，恐怕顾不上这项工作。"他说："这也是我们应该做的事。他们有人不懂，可以跟他们说清楚发掘的必要性，一次不行再说，再说不行，可以向上边反映嘛。"临走时，他在签名簿上签了名。

我回所后去找赵心斋，说："这老头来头可不小啊！"我把老人说的话向他"学舌"了一遍。赵心斋听后叫我拿签名簿给他看。他一看，"哎呀"了一声："这是共产党的'四老'之一徐特立呀！"我想，怪不得他说话那么硬气。

徐老参观之后一个多星期，赵心斋叫我做个详细的周口店发掘计划。我心想，现在刚解放，各个方面都需要钱，就做个小打小闹的计划吧。这样既能有点工作干，又能为国家省点钱。没想到计划修改了几次都没能通过，还是赵心斋亲自动手把经费数字增加了很多，才最后通过了。

我记得当时的薪金是用小米计算的，我每月大概是 900 斤小米。当然也有超过千斤和更高的。虽然这不如旧社会薪金高，但旧社会物价飞涨，有时一天三变，尽管薪水多，也赶不上物价的上涨。

周口店的发掘计划批下来，由我当队长，刘宪亭任会计，组成了一个发掘队。我们到了周口店一看，面目全非。原来的房子被日本鬼子拆毁后，改修成了工事，满地杂草丛生，遍山荒芜不堪。这又不由得使我想起了被日寇杀害的赵万华、董仲元和肖元昌。他们在世时的音容笑貌，历历在目。这怎么不令人痛恨日本军国主义呢！我真希望在房山县（今房山区）西门外立一座石碑，刻上被日本鬼子杀害的死难者的名字，以示对他们的永久怀念，教育子孙后代不能忘却这段历史。

这里没法住了，我们来到了琉璃河水泥厂采石场宿舍，暂时住下。首先的工作是找到过去在周口店挖掘的技工。先找到的是乔瑞，我们与他协商了发掘和报酬的事。他说他在灰窑做工每天是 5 斤棒子（即玉米），我们给他 5 斤小米，这要比灰窑的工钱高，他同意了。两

141

天之后，他找来了一批工人，随后发掘工作就正式开始了。

我们先要把1937年回填的土重新挖掘出来。挖土中，在北京人化石出土地点的表面上突然发现了5枚人牙。但我们看得出来，这些牙齿并非出于原地层，而是出自上部第4层（灰烬层），是坍塌下来的产物。不管怎样，这是新中国成立后的第一次发现，是个好兆头。

没有办公地点和宿舍，工作起来很困难。我回到北京和上级部门商量建宿舍的事，但得到的回答是，野外队不能建房，只能用帐篷或活动木板房。我认为这对我们不适合，我们是固定在周口店搞发掘工作的。

1950年下半年，我们买了些旧房料，自己动手盖了三间小房。盖房时连裴文中都爬上了屋顶钉椽子。门窗请木匠做，山上有的是石料，马马虎虎就把房子盖起来了。因为我们都是外行，房子盖好后才发现椽子距离大小不等，大家笑个不停。这个房子既成了我们的宿舍，也是我们的办公室，还接待过不少来参观的客人。中间房屋的两侧，都搭了一块木板，作为陈列之用。在这样的条件下，我们住了两年之久。

地质部的前身——中国地质工作计划指导委员会成立之后，新生代研究室在1953年改为古脊椎动物研究室，归属于中国科学院领导，1957年扩大成中国科学院古脊椎动物与古人类研究所。

杨钟健所长陪同竺可桢副院长到周口店参观，他们见条件太简陋，才由科学院出经费在日寇拆毁的旧址上重新盖起了一座新式房屋，面积有295平方米。房屋东边一侧做陈列室，西边做办公室和住所。为什么要建295平方米呢？因为按当时的规定，建超过300平方米的建筑要由主管房屋的部门审批，不足这个数的科学院可以自己做主。这里我们还打了一个"埋伏"呢。有了新的陈列室和办公室、住所，周口店的工作条件有了很大改善。另一方面，周口店的工作也得到了党和国家领导人极大的关怀和重视，很多国家领导人参观过周口

点拨

领导人的关怀和重视，增强了科学工作者的信心和动力，体现了国家对文化遗产保护的重视。

店。裴文中曾接待过刘少奇同志；我也接待过邓小平同志和彭真同志及他的夫人，还有北京市公安局长等其他领导。邓小平同志在参观中详细地向我询问有关人类的起源问题和今后如何开展工作等问题，我如实作了汇报。他听得非常认真，没听清楚的，还要重新问。

在我陪彭真市长及夫人参观期间，有人在周口店村东边太平山脚下发现了个山洞。洞内有各式各样的钟乳石，像石柱、石笋、石幔等，景观非常美丽。彭真当即建议，这么美的洞穴不要为取点石头毁掉，应当加以保护，成为旅游景点。可惜的是，后来这个洞因采石灰岩被毁掉了。

还有一次，我正在检查工作，一个青年人跑来告诉我，说叶剑英同志来啦！我赶忙回来接待。会客室里，叶帅一边喝茶，一边听我们讲周口店的发掘史。他谈起话来非常和气，没有一点领导人的架子，连我们的生活问题都问到了。最后他才去参观了挖掘地点，满意地走了。要说最常到周口店来的，是我们的老院长郭沫若。他对我们的工作非常感兴趣，有时还亲自动手挖掘。他很随和。

1958 年我同北京大学历史系考古专业的师生一起合作发掘时，杨所长和郭老突然来了。当时我正在周口店养病，我的老伴也来到周口店照顾我。郭老可称得上是个才子，他给学生讲话，没有准备，不用讲稿，讲起来滔滔不绝，头头是道。同学们也听得津津有味。这一讲可就到了下午 1 点多了。

有人把我拉到屋外说："他讲得太久了，恐怕要在这里吃饭了，叫嫂夫人快准备准备吧。"这可把我老伴急坏了。郭老是院长，又是副委员长，要是从外边买回现成的，怕不干净吃出毛病，自己做吧，又没什么菜。没辙了，只好一点蔬菜加瘦肉丝炒了四盘菜，酒家里有；主食是面条，连个卤也没有，就用酱油和醋做了个"氽❶"，用来拌面。没想到他吃得很香，其实他不是个在乎吃喝的人。

点拨

通过描述学术交流的场景，展现了郭沫若作为学者的风采，同时体现了老一辈学者对年轻一代的关心。

❶ 氽（tǔn）：用油炸。

发现了丁村遗址

阅读提示

> 1953 年，山西省襄汾县丁村的工人在挖沙时，意外发现了大量脊椎动物化石和石器，引起考古学界的高度关注。考古人员经过艰苦发掘，找到许多石器、动物化石，甚至还有人类的牙齿……

点拨

开门见山，直接点明丁村遗址最初的发现时间、地点和发现物，引出下文。

1953 年 5 月，一些工人在山西省襄汾县丁村以南的汾河东岸挖沙，发现了不少巨大的脊椎动物化石。山西省文物管理委员会接到报告后，派王择义先生前往调查。在汾城县（后改为襄汾县）人民政府程玉树同志的协助下，征集到了 1.1 米长的原始牛角、象的下颌骨、马牙等动物化石，还有破碎的石器、石片和像是人工打制的带有棱角的石球。

同年冬季，中国科学院古脊椎动物研究室（即现在的古脊椎动物与古人类研究所）周明镇先生，到太原了解山西各地采集脊椎动物化石的情况，见到了这些石片。他认为石片上有人工打击的痕迹，就把它们带回北京，做进一步研究。

旧石器过去在我国发现很少，大家看到了周先生带回的材料非常高兴。随即我们把夏鼐（1910—1985）和袁复礼（1893—1987）等专家请到单位里来，一起观看标本并讨论丁村地点是否值得发掘。当时大家一致的意见是应该发掘。主持会议的杨钟健在会议结束时说："踏破铁鞋无觅处，得来全不费功夫。"并决定把丁村发掘作为古脊椎动物研究室1954年的重点工作之一。

裴文中先生对丁村的发现还不太放心，1954年6月，他与山西省文物管理委员会（现改为山西省考古研究所）的王建先生又前往复查。

回来后，两人的说法出现了分歧。裴先生说所有材料都是地面上拾到的；而王先生认为地面上和地层中均有。杨钟健则认为，过去发现的太少，无论如何也要组队前往发掘。裴问杨："如果没有发现谁负责？""谁也不负责。"杨钟健一边回答，一边做手势，为组队前往丁村发掘拍了板。此次组队由我担任队长。临行前杨先生对我说："如果你能在地层中找到一块石器，你就立了头功。"

这是新中国成立以后，除周口店外的首次大规模发掘。为了寻找人类的"根"，我们必须到全国各地去探寻。

点拨

这句话强调丁村发掘的重要性和历史意义，以及考古工作人员的使命感和责任感。

我们这个发掘队除了我和裴文中先生，还有吴汝康先生及张国斌等人，此外还有山西省文物管理委员会的王择义先生、王建先生等多人参加。我们研究所的人是1954年9月下旬出发的。裴文中先生当时在郑振铎先生领导下的文化部文物局任博物馆处长，他先有工作去了西安，然后由西安到丁村参加发掘工作。

我们原计划是先到石家庄再转车到丁村。不料因娘子关铁路塌方，我们只好绕道陕西的潼关，然后乘船渡过黄河到风陵渡，再乘窄轨火车到达襄汾县的丁村。抵达潼关时已是午后，我们住在一家小旅店里。第二天清晨大家起床准备出发时才知道，裴文中先生也住在这个小店里。真是巧得很，没想到大家在这里就会合了。我们一起乘木船渡过黄河，到了风陵渡，又乘火车于22日抵达丁村。山西省文物管理委员会的诸位先生早就到了丁村，正做着准备工作。

23日清晨我们就去查看地层剖面。沿着汾河东岸，北迄史村，南到柴庄，长达 10 多千米的地段上，均能陆陆续续看到石器，但多发现在地面上。人工打制的石片和石器，由于不明其出土地层，难免被人怀疑。

我们边查看，边搜寻。忽然有人喊："地层里有石器！"大家围拢过去。在一个剖面上有一层沙土，沙层内有一犀牛下颌骨，一块有很清楚打击痕迹的石器，一半还压在犀牛的下颌骨之下。我立即叫人把裴文中先生请来查看。他没否认这是块石器。我们把它挖了出来，做了记录。从地层中找到了石器，我当然异常高兴，因为回到北京，起码有了交代。

我们在汾河东岸的铁路两侧进行了一般性的观察，对当地的地质现象有了初步的了解。在 11 千米的范围内共发现了或多或少含有化石的地点 9 处，我们将其编号为 54:90~54:98。

在上述地点里，我们选出了 54:90 和 54:94 两个地点试掘，以了解旧石器原生层位。这些旧石器和它同时期的脊椎动物化石，都被发现在顶部盖有黄土的微红色土层之下的沙砾层中。

这一地区旧石器分布很广，又很丰富，所以试掘之后，我们即分组进行发掘。发掘前首先对外露在剖面上的化石进行采集。凡是外露层面不全，而从地层上看又明显有重要发现的可能，即打探沟了解内部情况。每个地点都绘有剖面图，根据不同的层位进行发掘。

在发掘中，我们又在附近发现了 5 处化石地点，编号为 54:99~54:103。这样我们前前后后共发现了 14 个地点。其中在 11 个地点中不但发现了哺乳动物化石，在化石同层中还发现了毫无疑问的人工制品。由于各地点所含的石器较少，我们只正式发掘了 9 个地点，而且把注意力集中在 54:98、54:99 和 54:100 三个地点上。这三个地点都在丁村之南，特别是 54:100 地点，位于离丁村 1.5 千米的汾河岸边上。这里不但发现了相当丰富的石器和哺乳动物化石，还发现了三颗人的牙齿。

点拨
介绍了考古发掘的具体方法和发现，体现了科学研究的严谨性和系统性。

丁村的发掘工作由 9 月 22 日起至 11 月 12 日结束，共计 52 天。发掘人员除了古脊椎动物研究室和山西省文物管理委员会共 18 人，每天平均还雇用民工 24 人。在 3 320 立方米的沙砾层中采得石器、蚌壳和哺乳动物化石 40 余箱。动物化石有软体动物厚壳蚌等，还有鱼类中的鲤、青鱼等；哺乳动物化石有狼、貉、狐、河狸、方氏田鼠、短尾兔、披毛犀、梅氏犀、野驴、野马、野猪、赤鹿、斑鹿、羚羊、水牛、原始牛、德永氏象、纳玛象等 20 多种；人类化石只有 3 颗人牙，即右上内侧门齿、右上外侧门齿及右下第二臼齿。牙齿经吴汝康先生研究后得出结论——丁村人是属于北京人与现代人之间的人。

丁村出土的石器，虽然由于工人在取沙时掘出或被水冲出地表的不在少数，但无疑是出自地层之中。这些石器绝大部分是用角页岩打制的，角页岩石器占总数的 94.7%，其他如燧石、石灰岩、玄武岩、石英岩、闪长岩等较少，绿色页岩和沙岩最少，只占 0.1%。

丁村石器的类型，基本上是属于大型石器范围。有多边形砍砸器、球状器（石球）、似"手斧"石器（手斧）、单边及多边形器（弧形刃砍砸器和三角形砍砸器）、多边形器（周边有刃的砍砸器）、球形多边器（有的像石钻）、厚尖状器（即三棱大尖状器）、小型尖状器等，有些砍砸器还明显可看出砍砸的痕迹。最多的是石片和石核。

丁村的石器是我和裴先生共同研究的，我们最后的结论是："……（丁村）所发现的石器，代表一种特别文化，时代是黄土时期，即更新世晚期。就时代而论，比周口店中国猿人（北京人）文化及第 15 地点的文化都较晚……""在欧洲，旧石器时代文化虽然很多，但没有可以和丁村文化对比者。因此，我们认为丁村文化是我国发现的一个新的旧石器时代晚期文化。无论在中国和欧洲以前都没有发现类似文化。"

最初我们推定丁村时代是山顶洞人和北京人之间的一个环节。我们把各地点的石器都作为同一个时期的石器来看待了。随着进一步

点拨

通过具体的数据和比例分析，展示不同材质石器的分布情况，反映了丁村文化的多样性以及复杂性。

的研究，我们发现各地点的时代并不相同，各地点的石器类型也不一致。

对于丁村文化遗址的发现，我要提出三位有重要贡献的人。

一位是襄汾县人民政府的程玉树先生，是他把工人在取沙时挖出的化石报告给山西省文物管理委员会的。如果没有程玉树先生的及时报告，就不可能有丁村文化遗址的发现。

第二位是王择义先生，他本来是个外行，但当山西省文物管理委员会接到报告，派他去调查时，他不但带回来了哺乳动物化石，还将见到的沙砾层中可能是人工打击作为石器使用的工具，也一并带回了太原。丁村遗址发掘后，他更加热爱这行。此后，他小包一背，小烟袋一拿，两条腿踏遍了山西的山山水水。他长期在野外寻找化石地点，竟自己摸索出了一套规律。山西很多的化石地点都是他发现的，他被人们称赞为古脊椎动物化石的好"猎手"。

第三位就是土建先生，他在这次发掘中，不但发现了3颗人牙，还通过自己的努力，从对旧石器一窍不通，成为现在研究旧石器的专家。在1954年首次发掘之后的40多年中，王建先生和他的同事，从不同的角度对丁村文化做了全方位的深入而精辟的分析和研究，并基本上搞清了丁村文化的来龙去脉。他们的研究比我们的研究进展更深，这使我感到无比的欣慰。丁村文化层的年代问题，一直是考古及地质工作者关注的热点问题，因为我们当时还没有测定"绝对"年龄的方法。1993—1994年我国的古地磁专家为丁村54:100及54:97两个地点推断出文化层的起止时间："54:100"剖面为13.11万 ±0.49万 ~ 11.68万 ±0.52万年；"54:97"剖面为12.82万 ±0.58万 ~ 11.86万 ±0.52万年，取其平均值为12.96万 ±0.49万 ~ 11.77万 ±0.52万年。丁村文化应属中更新世晚期。

1954年，丁村的发掘取得了可喜可贺的成果，但对我个人来说，却是极为不幸的一年。我在工作时突然接到杨钟健和我家中的电报，说我父亲病重，叫我速返。我听到消息后急速往家里赶。10 月 12 日我回到了家，看见父亲躺在床上，已处于弥留之际。我大声呼喊着父亲，只见他抬起沉重的眼皮，看着我，像是说，我终于等到你回来了。13 日他就与世长辞了，享年 73 岁。

1960 年，在德胜门马甸的土城以北兴建科学城。古脊椎所也迁到了祁家豁子，我和妻子为了照顾老母和子女，也搬到祁家豁子新建的宿舍楼。全家人团聚在一起了。

可是这时我母亲又突然患了脑出血，我的妻子照顾了她 8 年。当时住房被没收了两间，由原来的四间一套变为两间一套，里边小间，我和妻子睡，外间大一点，是我母亲和我的长子睡，我的长子因在高中时切除了一侧肾脏，在家休养，正好照顾他的奶奶。老人家在 1968 年的一天夜里，寂然而去，没说一句话，享年 84 岁。

点拨

　　记述家庭责任与事业追求之间的冲突，增强了文章的感染力和真实感，同时展示了考古工作者的个人牺牲和奉献精神。

阅读思辨

　?　1.为什么考古学家会对丁村遗址这么感兴趣呢？他们发现了哪些重要的东西？

　?　2.在丁村遗址的发掘过程中，哪些人物做出了重要贡献？他们的贡献是什么？

广西探洞寻"巨猿"

> 在神秘的广西山脉中，隐藏着古老的生命痕迹。一支勇敢的考察队怀揣探索的梦想，踏上寻找"巨猿"化石的旅程。尽管前路艰险，山洞崎岖，考察队员们却以无畏的精神和不屈的毅力，追寻着那些尘封在历史中的秘密……

点拨

朴实的语言展示出考古学家的谦逊以及务实精神。

　　我们既不会"神机妙算"又没有"特异功能"，只能凭着别人给我们提供的线索，去寻找我们需要研究的对象。

　　以前老百姓没有哺乳动物化石这方面的知识，但你要说"龙骨"，他们大多数人，包括小孩子都知道。当时各地的一些民众把挖"龙骨"作为副业。在西北地区，每年挖出的"龙骨"至少有数十万斤之多。"龙骨"被收购站收购后，再销往中国香港、东南亚地区及世界各国。许多华人都有把"龙骨"当中药吃的习惯。其实"龙骨"就是我们所说的哺乳动物化石。中药中的"龙骨""龙齿"（即哺乳动物的牙齿）完全可以用牡蛎壳代替，但中医大夫们仍喜欢用"龙骨"。

　　20世纪30年代，德籍荷兰古人类学家孔尼华曾来华，他把在香港和广州中药铺里买到的3颗巨大的猿牙齿给魏敦瑞看，孔尼华将此类猿命名为"巨猿"。巨猿牙齿很大，与现代人的牙齿相比，几乎大4

倍。魏敦瑞很吃惊，他看了很久，越看越觉得像人的牙齿。后来两人又把"巨猿"的学名改为"巨人"。这么大的猿原来生存在何处呢？孔尼华认为在华南，因为他是在香港和广州买到其牙齿的。

我们虽然对"巨猿"极感兴趣，但不知到哪里去找。华南地区太大啦！事有凑巧，我们接到了广西某县一位中学老师的来信，信中说：他们在山洞里刨出了许多化石，希望我们派人去了解，看看是何物。这一下我们有了目标。过去也听说广西的龙骨很多，何不把广西作为突破口呢？一下子我们又兴奋起来。

此时，裴文中已由国家文物局回到我们研究室，因此由他担任队长，我担任副队长，组成了调查队。前往广西调查时，我们研究室差不多是全体出动。我记得参加的人员有黄万波、韩德芬（女）、张森水、王存义、许香亭（女）、乔全芳、乔歧、柴凤歧等人，还有北京大学的吕遵谔和广西博物馆的何乃汉等。

1956年年初，以裴文中先生为首的"巨猿考察队"开赴广西。大家爬山，钻洞。我们的工作得到了自治区政府的大力支持，工作进行得很顺利。一位王厅长也和我们一起钻了许多洞。虽然我们找到了很多哺乳动物化石，但最终的目标——"巨猿"连个影子也没见到。

1956年初春，考察队到了柳州，我们到处爬山，钻洞。在柳州西南12千米的公路旁、白面山的南麓发现了白莲洞。白莲洞洞口高出地面20多米，因洞口正中有一块形似莲花蓓蕾的白色钟乳石而得名。柳州地区的石灰岩的岩溶现象十分壮观，山上溶洞很多，洞内的堆积丰富。当地农民常到洞内挖取"岩泥"做肥料。

我们在洞内被扰乱了的堆积中，发现了很多软体动物壳和少量鹿牙化石。值得一提的是，我们发现了1件扁尖的骨锥和1件粗制的骨针，可惜针身都已残破。另外还有4件石器，它们都是由砾石打击而成，其锋利的刃口可作砍斫之用。经我和邱中郎鉴定，该石器属于旧石器时代晚期。后来，白莲洞受到北京自然博物馆周国兴和柳州市的易光远等先生的重视，他们进行了大规模的发掘，收获很大。在这个洞穴里的不同地层中，他们发现了不同时代的材料，从旧石器时代到新石器时代都有。

除白莲洞外，我们在柳州市木罗山思多屯的一个山洞内，在因挖"岩泥"而遭毁坏的残余堆积中，发现了螺壳和一件经人工多次打击才从石核上打下来的燧石石片。在柳州西南的柳江县进德乡的一个南北穿通的洞内堆积中，下层找到了剑齿象化石，上层找到了螺壳、介壳层石器。

虽然有收获，但我们是来找"巨猿"的，没见到原生层位的"巨猿"化石，也不能算有成果。

在南宁，我们跑到供销合作社去看他们收购来的"龙骨"和"龙齿"，在成堆、成麻袋的"龙骨"中，还真见到了"巨猿"的牙齿。"巨猿"的牙齿很好辨认，因为它在猿类牙齿中算是最大的，牙瓷很厚，表面光滑，对着光看还有微红色的闪光，光润耀眼，好像宝石，煞是好看。<u>在成堆、成麻袋的"龙骨"中找到"巨猿"牙齿，使我们像"他乡遇故知"那样高兴。</u>大家都感到广西就是"巨猿"的家乡，我们的估计没错。

当问这些"龙骨"来自何处时，又使我们傻了眼。因为他们把收购来的"龙骨"都堆在了一起，然后装入麻袋运往外地。"巨猿"的线索又没有了，我们很失望。此时，裴文中提议，把现有的人分成两队，一队由他率领到南宁以北的地带寻找；一队由我率领往南宁以南的地区搜寻。

在我们往南搜索的小组里，我记得有吕遵谔、何乃汉、王存义、乔歧、柴凤歧等人。我们在南宁时，曾到中药店询问过，据说崇左县境内产"龙骨"。所以我们这一小队就乘火车直奔崇左，然后再从崇左往北返回，各处钻洞寻找。

2月初，到了崇左。我们仍到供销合作社先去挑选我们需要的"巨猿"化石。还真找到了好几颗"巨猿"牙齿。我们向他们询问"龙骨"来源，才知道这几颗"巨猿"牙齿并非本地所产，而是来自大新县。我们听不懂当地话。幸亏崇左县政府派了一名干部协助我们工作，又有何乃汉先生，通过他们两人的翻译，我们才弄清楚"巨猿"的产地。

由崇左到大新，通车的地方乘汽车，不通车的地方我们就靠两条腿。步行时，行李带得很多，成了我们的累赘。每天外出，爬山、钻洞、行路、找住所，整理行装是很大的麻烦事。当时的条件没法和今天相比。不过，在当地找个挑担子的人帮助挑东西倒很容易。那时在城里还能经常看到手挂着扁担找活干的人，而且大多是妇女。

2月9日，我们到了大新县政府所在地——新和街。县政府很快为我们安置好了住所。我们迫不及待地又找到收购站。从这个收购站

点拨

比喻形象，情感真挚，将抽象的科学发现与人们的日常情感联系起来，增强了文章的感染力。

里不但找到了不少"巨猿"牙齿，最可喜的是我们知道了这些化石的产地——榄圩区正隆乡那隆屯。目标缩小到一个村，大家当然很高兴，深信"巨猿"的出处，很快就会弄个水落石出。

2月15日，我们到了那隆屯。虽然路不算远，但因下着小雨，又是步行，所以傍晚才到达。屯子坐落在一个四周环山的山谷里，周围有牛睡山、乌猿山、谢山、尾塘山。屯子不大，只有70多户人家。村民看上去非常朴实。

第二天，虽然仍在下雨，我们还是拿着从大新供销合作社买来的"巨猿"牙齿，挨门挨户地向村民们询问。当我们走进一位老大娘的家门时，还没来得及寒暄，一个小男孩就拿出了一个装有"龙骨"的筐箩❶给我们看。啊，在这个筐箩里就有"巨猿"的牙齿。我们把它拿在手里，激动得手都有点发抖。我们的心血没白费，多日的追踪，总算有了眉目。小男孩是老大娘的孙子，有十来岁。我问他这些东西是从哪里弄来的，他用手往屋后一指："就在那个山头上。"

午饭过后，雨稍小了点，但仍哩哩啦啦地下着。我们登上了小男孩所指的那座山。这山当地人称为"岜（bā）磨弄山"（汉语为牛睡山），山上的洞穴名为"黑洞"。山很陡峭，洞口离地有100米左右，从山下看得清清楚楚。

我们拽着树棵儿，费了很大劲才爬到洞口。洞不深，总长20多米，从洞口往里是一条窄道，走到尽头才开阔成室。含化石的堆积，在尽头还保留了一部分，其余的都被村民挖光了。我和吕遵谔凭着1个皮尺、1个指北针和1根竹竿，一边测量，一边绘制平面图和洞的轮廓图。其余的人进行发掘。

洞中的堆积可分为两层，上层为石笋胶结的黄色硬堆积；下层为不很胶结的蒜瓣状的红色黏土。就在下层的上部分，我们发现了"巨

点拨

生动地描述了考察队发现巨猿化石时的激动心情，细腻而传神，将人物的情感变化刻画得入木三分。

---

❶ 筐箩（pǒ luo）：用柳条或篾条等编成的器物，帮儿较浅，有圆形的，也有略呈长方形的，用来盛放粮食、生活用品等。

猿"的牙齿。这是我们长途跋涉，经过了40天的努力，亲手从原生堆积中找到的"巨猿"材料。我们找到了"巨猿"的"家"。

找到了"巨猿"化石，大家也暂时忘却了苦和累。累不必说了，就说苦，那还真苦。屯子里缺少饮水，人和牲口都吃一个坑里的水。把水烧开了也觉得咸涩难咽。可是当地群众不就是这样生活嘛。再说耗子到处都是，特别是夜里到处乱窜，睡觉时，耗子在身上跑来跑去。有时用手巾包裹好、准备第二天外出时带的干粮，早起一看没了。都是该死的耗子给拉走了，我们每个人都气鼓鼓的没有办法。再有这里的毒蛇很多，我们外出都结伴而行。一手拿着手电筒，一手拿着木棍，边走边划拉草，为的是"打草惊蛇"。夜里连外出小解，都叫个同伴。起夜太勤的人则觉得困难。我们就是在这样的环境下工作了一段时间，才返回南宁。回南宁前，我们给裴文中拍了电报，又写了一封信，把我们的发现经过说了，促使他们那个队的人努力。

裴文中带领的北队也获得了丰收。柳城县长曹乡新社中村的农民覃秀怀，在一个山洞里挖岩泥时，挖出了许多"龙骨"，引起了洛满人民银行韦耀社的注意。他认为这些"龙骨"很有科学研究价值，要覃秀怀把这些东西捐献给政府。

这些材料送到了南宁广西博物馆。广西壮族自治区文化局将标本交给了裴文中。这是一个"巨猿"的下颌骨。裴文中在广西壮族自治区文化局、柳州市文化局和柳城县文教科的帮助下，找到了覃秀怀。在他的指引下，在柳城县长曹乡新社中村之南约500米的楞寨山上，找到了发现"巨猿"下颌骨的山洞——硝岩洞。此后，裴文中先生再次到广西，带领柴凤歧等人继续发掘，从中又发现了2个下颌骨和若干个牙齿。这些材料经吴汝康先生研究，仍用孔尼华定的学名——"巨猿"。从齿面上看，它具有很多人的性质，我认为魏敦瑞和孔尼华改为"巨人"的意见也应考虑。

这次广西之行，可以说成绩斐然。

点拨

通过强调"长途跋涉"和"40天的努力"，凸显了考察团队的艰辛与坚持。"找到了'巨猿'的'家'"的比喻，使发现显得生动且富有情感。

点拨

用"成绩斐然"四字作为总结，不仅表明了发现的成果丰硕，也传达了考古人员的自豪感。

河西之行

> 　　1948 年，一群满怀热情的考古学家踏上了神秘的河西走廊。他们穿越戈壁滩，翻越沙丘，寻找着历史的足迹。在这片古老的土地上，他们发现了怎样的秘密？又经历了哪些奇遇？让我们随着贾爷爷的讲述进入那段尘封的历史。

点拨

开门见山，直接点明考古的时间背景和艰苦条件，为后文的叙述奠定了基调，增强了读者的代入感。

　　我首次到甘肃河西走廊的戈壁滩去考古是在 1948 年，至今事隔近 50 年，那时的条件之差，远非今日可以想象。

　　1947 年，裴文中先生到甘肃和青海考察。裴文中认为东西方文化的交流，那一带是必经之路，历史上如此，史前也不能例外。这一观点得到了中国地质调查所所长李春昱、北平分所所长高平、西北分所所长王日伦等人的支持。

　　1948 年，在一位不愿意透露姓名的人的资助下，我们成立了"河西考古队"。裴文中任队长，我和西北分所的米泰恒分别任发掘组和调查组组长。北平分所的刘宪亭也参加了。裴文中先行了几天，我和刘宪亭是乘军用飞机后赶到兰州的。坐这种飞机，真要有点本事。因为飞机不密封，座位又是帆布兜，飞到空中，氧气一少，人难受得很。每到一站，我们都躺在地上大口大口喘气，得机会休息一下，恨不能在地上把氧吸足再起飞。一旦上了天，又开始难受。就这样我们熬到了兰州。

这个考古队，除了我们地质部门4个人，还有兰州大学的武律和西北师范学院的孔宪武、刘天民等教授同行。他们是为考察地理和植物去的。虽然工作不同，但表面上仍是一个综合性质的考察团。由于老地质调查所所长翁文灏的关系（已任国民政府行政院院长），我们到了兰州后，得到了张治中将军的支持，他为我们派了军用卡车和司机。所到各地都得到军方照顾，配有马匹供我们骑用。

7月16日，我们从兰州出发。此次考察，预先没有规定路线，只是沿甘新公路一直西行，随时搜索古人类留下的遗迹。每到一处，除向当地村民了解情况外，就是无目的地到处跑，不想还有了游览黑水国的机会。

"黑水"在张掖县城西15千米。据当地人说黑水国就是《西游记》中的女儿国。甘新公路横穿黑水国中心，但大部分黑水国"国土"分布在黑水河西岸。黑水河又名弱水，源于青海北部。这条河是有名的河西走廊的一条大沟。沿河一带有许多绿洲，河流两岸盛产大米，闻名于河西一带。虽然我们一点也看不到《西游记》中的"女儿国"的蛛丝马迹，但这里确实比较繁荣。

到了黑水桥畔，我们兵分两路，一队由裴文中和米泰恒率领沿公路之南考察，我和刘宪亭等人沿公路之北随走随搜索。我们翻过了十余座沙丘，在一座沙丘的背后发现了一个台地。台地土呈红色，上面到处是砖头和陶片。砖有黑、红两种，黑色的硬如岩石，敲击如磬。今日的砖远不能与之相比，它有点像民勤县（在张掖县以北）的"铁砖"。陶片呈深灰色，从花纹及式样上看似汉代遗物。往北百余米碎砖很多，有的堆在一起，像坍塌的建筑物。再往北200多米，砖头越来越少，像是遗址的边界。

忽然我们听到米泰恒"嘿嘿"的喊声，知道他们在那边也有了发

点拨

将考古地点与文学作品联系起来，增加了文章的趣味性，引出读者对黑水国的想象和好奇心。

现。我们跑过去一看，也是砖头和陶片，和我们发现的没什么两样。裴先生俯着身子捡拾着东西，米泰恒拿出了带绳纹的陶片和一片残石刀给我们看。看到这些汉代或汉代之前的遗物，我们也产生了兴趣。

从公路往南约半里路，碎砖极少，而整砖很多，都是黑色的，表面被风吹得很光滑，有如水磨的一样，棱角的地方都发亮。砖的大小与现在的砖差不多，只稍厚一点，且砖的一端有一个圆形凸起，另一端是一个凹坑，无疑这是砖的榫❶口。虽然我们对这些遗物也感兴趣，但那不是我们考察的目标，我们只做了详细记载。

再往南 50 米，有一堆细沙，它的周围除碎砖和陶片外，还掺杂着打击石器。打击石器是用沙岩制作的，虽然制造简单，但第二步加工（即把一块从石核上打击下来的石片，经过再加工打击修理成适手的工具）很清楚。毫无疑问，这是人工制造的石器，但时代很晚。这类的石器在这里分布很广，其中还有 1 件磨光钻孔的石片。

距黑水桥西南约 2 千米的地方，有一个废城址。孔宪武先生曾去过，所以他一说，我们大家都有兴趣前往一游。下午 3 时，大家穿过公路往西南行走。一路上遍地是荒沙，星星点点生长着一些蓼科植物。在细沙上行走如脚踏海绵。离开黑水桥 500 米，砖头、陶片逐渐减少，这证明汉代前的遗址是以黑水河以南 300 米为中心地带，分布的范围也在 200 米之内。绕过一座较大的沙丘，就看见了废城址。城的周围已被沙子埋没，尤以西北两面最为厉害。我们从城的西北角的沙堆上爬进城去，这里的城墙保存尚好，仍可以看出它的原貌。城内，砖头、瓦片到处皆是，其中还有黑黝黝的瓷片，证明这是唐代以后的建筑。城只有东门，砖砌的瓮城❷已被风吹成长短不齐的锯齿状。城址呈方形，南北长约 240 米。城内房屋建筑虽不存在了，但可以看出南北、东西的街道仍保存得很好。据说，修建公路时用的砖就是从

---

❶ 榫（sǔn）：竹、木、石制器物或构件上利用凹凸方式相接处凸出的部分。
❷ 瓮城：围绕在城门外的小城，为古代城市的主要防御设施之一。

158

这里取材的。

8月1日，我们一行到了酒泉。调查地理的人要去金塔县鸳鸯池走一趟。鸳鸯池水库，在当时的中国算是最大的水利工程之一。从酒泉到金塔县有一条比较大的河，名为临水，又叫大北河。大北河发源于祁连山，经酒泉、金塔县到鼎新县城（今鼎新镇）西与弱水汇合流入居延海。我们也想调查这一带有没有史前人类的足迹和居住过的遗迹，所以也同他们一同前往。

酒泉古时名叫肃州。据《酒泉县要览》记载，酒泉古为雍州之域，周衰沦戎狄，秦为月氏国，汉武帝元狩二年❶开河西置酒泉郡以通西域。

"酒泉"地名之由来，是因城东郊约500米有一眼泉水。泉虽不大，但清澈见底，水质甘甜。当地传说，古代有位官吏到此驻边，一天将皇家慰劳的好酒数坛倾倒泉中，叫人随心饮用，以示与民共享之意。后来人们把这眼泉水叫作酒泉。今天，这眼泉水的周围，种花移木，修亭筑阁，经多次改建，已成为金湖公园，成了一个消夏胜地。

有名的老君庙油矿在酒泉之西84千米，油矿上的8000多名员工的日用品，大部分依赖酒泉供应。石油公司在酒泉设有办事处，所以酒泉也日加繁荣。比起"金张掖""银武威"要繁华多了。但酒泉的饭馆50年前远不如武威，价贵而且很脏。当时的齐鲁菜社和金陵菜社在当地很有名声，每盘菜里吃出几只苍蝇是很不以为奇的事。

金塔县，因附近有个金塔寺而得名，1914年改称此名。县城很小，每边不足半里路。土质的城墙有2米厚。县城的北方有个叫遮虏障的地方，据说是李陵和单于决战的地点。我们在那里没有找到什么遗迹和遗物。

从酒泉西行25千米就是嘉峪关。这一地带南北两山相距很近，形成了一条极窄的狭地，地势险要，是进入新疆的咽喉。狭地南达红

点拨

通过"咽喉"一词交代了嘉峪关的重要性，形象而生动。

---

❶ 汉武帝元狩二年：公元前121年。

山祁连，北依黑山牌楼，关居中央。因关北的平冈有嘉峪山，故称嘉峪关。它建于明洪武五年❶，是边防要地。

我们这支考察队于 8 月 5 日由酒泉前往老君庙，得到了游览所谓"雄关巍峨，金汤可守"的嘉峪关的机会。由公路到关前，有一片湿草地，汽车不能再开，我们只得踏着地埂步行了。关的东门分内外两门，外门名朝宗，内门名光化。两门均被保长锁闭，不能入内。我们中的一个人从门的下缝中爬到里面，又用挖化石的钢钎把门撬开而入。这也是不得已的办法。参观完毕，又从原路退出，顺着城南墙绕到西门。此门才是关的主门，门上题着"嘉峪关"三字，只是城楼于民国前 3 年❷毁于兵乱。

随后，我们考古队从嘉峪关西行，经玉门、安西到敦煌。在安西遇到了一场大风，刮得昏天暗日。当地形容风大有"每年只刮一次风——由大年初一到大年三十"之说。我们沿路随走随调查，8 月 11 日才到达被世人称为"艺术殿堂"的敦煌。

敦煌是通往拉萨、蒙古和南西伯利亚的道路的枢纽，位于元代客卿马可·波罗称谓的"丝绸之路"上。五代西凉国初建在此。现在敦煌市内各街巷，都以县为名，如河西县、狄道县等，这是因为敦煌被战乱毁掉之后，居民逃亡各地，战后又由各县迁回，街道就以他们原先居住的县名做了街名。

南疆公路起于安西，经敦煌，沿着阿尔金山之北，一直通到南疆。由安西到敦煌有 119 千米，中途有 4 个站，每个站有个窝铺❸，是旅客休息的场所。所谓窝铺就是一间小房和一口苦水井。除此之外，是一眼望不到头的沙漠，连树都少见。未建公路前，这里的交通只能依赖畜力或步行。

我们到了敦煌，把南湖附近的工作完成后，于 14 日午后沿公路

❶ 洪武五年：公元 1372 年。
❷ 民国前 3 年：公元 1909 年。
❸ 窝铺：供睡觉的窝棚。

往回返，行至 109 号里程碑处转入文化路，往南行驶 10 千米就到了莫高窟。我们来这里是查看玉门系砾石（即通常所说的鹅卵石）地层。

莫高窟位于敦煌东南 25 千米。在三危山和鸣沙山之间，有一玉门系砾石岩悬崖，石窟即开凿于悬崖之上。在自南而北长达 160 多米的悬崖上，皆凿有石窟，栉比相连，远远看去就像蜂巢一样。

据武周李氏重修的功德碑所载："石窟始建于前秦建元二年，有沙门乐傅戒行，清灵机心恬静，尝杖野行，至此山忽见金光千状有千佛，造窟一龛……"此后历经北魏、西魏、隋、唐、五代、宋、元各代增建，经过 1545 年的悠久历史，才造就了这个伟大灿烂的石窟文化。石窟有大有小，小者数尺，大者数十丈。当时敦煌艺术研究所已清理出石窟 400 多座，未清理出来仍埋于沙中的还不知有多少。

千佛洞口皆朝东。洞前有条河，因雨水少，河水已干。河床与悬崖之间，有条小溪蜿蜒北流。溪的两旁，经王道士种的杨树已经成林。

抵达莫高窟的第二天，我们就造访了敦煌艺术研究所。小溪与河床之间有上、中、下三个寺院，中寺原名雷音禅林，清乾隆三十七年❶修建，现已成了敦煌艺术研究所。适逢所长常书鸿先生有事去了北京，接待我们的是常所长的夫人李承仙女士和段文杰、孙儒涧两位先生。在段、孙两位先生的指引下，我们先后参观了北魏和西魏、隋、唐、宋、元等几个洞。洞很多，不论大小都有编号，并注明年代。编号有两种：一种是以前张大千先生编制的；一种是艺术研究所自己编制的。我认为各洞应以唐代之作最好。第 096 号洞最大，中间塑着释迦坐像，在所有塑像中它是最大的，极为庄严，可惜经后人重修，已失去了原来的色调。这是在玉门系砾石的峭壁上，先雕刻出像的雏形，外部再施以泥塑。洞口外，建有九层高楼，楼上的匾额题有"莫大乎是"四字。据重修千佛洞九层楼碑记载："佛身高十八丈，五

---

❶ 乾隆三十七年：公元 1772 年。

代及元皆有营建。民国二十五年又重修。"

告别了千佛洞，我们乘卡车到玉门关绕了一圈，来到了敦煌城西的戈壁地带。一位老人告诉我们此地就是唐代人李华所写的《吊古战场文》所描写的古战场。看到遍地沙砾，真好像看到了昔日战场厮杀的情形。我心中默背着《吊古战场文》："浩浩乎平沙无垠，夐不见人。河水萦带，群山纠纷。黯兮惨悴，风悲日曛。蓬断草枯，凛若霜晨。鸟飞不下，兽铤亡群，亭长告余曰：'此古战场也。'……"

此行考察，虽在古人类和史前方面无重大收获，但旅游了一番，增加了很多知识。一些知识书本上能学到，但没有亲身经历，是体会不深的。不亲眼看到莫高窟千佛洞，感受不到祖国的文化是多么灿烂辉煌。

点拨

通过形象的比喻，作者把自然环境与历史事件相结合，形成强烈的视觉冲击，唤起读者对历史的联想与思考。

阅读思辨

1.文章中提到的黑水国遗址有什么特别之处？

2.为什么作者认为亲身经历比单纯阅读书本更能加深对祖国文化的理解？

寻找细石器的起源

你想知道远古的人们用什么工具吗？想知道他们是如何生活的吗？让我们跟随贾爷爷的脚步，通过一次长达数月的考古工作，揭开细石器的神秘面纱。我们将对远古人类的智慧和生活有更深入了解……

远古人类以石击石的方法打制出的石器主要分为两大类：一类是小型的，一类是大型的。当然一些遗址中两类同时共存的现象也不少，这是人类在当时特定的生活环境下形成的。

过去就有人说过，细小的石器是在草原上生活的人类使用的，这种推论是可能的。在我国，特别是在北部，细石器很普遍，东北、华北、西北广大地区均有分布。在四川也有分布，四川省文物保管委员会主任、古人类学家秦学圣先生曾陪我到雅安一带考察过。此处石核的类型以船形、锥形（或称铅笔头形）、柱形、楔形为主。

从中国往东，在日本、韩国、东西伯利亚和北美洲也都有相同或类似的细石器发现。特别是晚期的石器，连类型和打制的方法都基本一致。例如以"船形石核""锥形石核"（或称铅笔头形石核）、"楔形石核"为代表的类型群，在辽宁、吉林、黑龙江、内蒙古、宁夏、山西、陕西、甘肃、新疆等省和自治区都有所发现，往西分布到喀什。石器虽有大小之分，但类型和打制的方法是一致的。

点拨

列举具体的地点，有力地说明了细石器在中国分布广泛的事实，为后文关于细石器起源的讨论提供实证依据。

细石器到底起源于什么地区？又是怎样随着人类活动分布到各处的呢？我的想法是，在数万年到 1 万年前第末次冰期的时候（据现在的研究结果，时间还要提前），下降的雨水凝结成冰雪，不能复归于海。又据冰川学家研究的结果表明，在冰期高峰时，海面可以下降 100 多米，使隔海地带变为通途。人类在这个时期到达各地的可能性很大。

早在 20 世纪 30 年代，德日进神父根据我国新疆、蒙古人民共和国和阿拉斯加均有同样类型的石器发现的情况，认为这一类型的细石器是从中国分布到北美去的。大小石器不能混为一谈，小石器在使用上不能替代大石器，同样大石器也不能替代小石器。

为了研究旧石器的传统，我自 20 世纪 70 年代中期之前就在东北、内蒙古及其他各地到处奔波，对细石器尤为注意。对上述这些类型的细石器的起源地，有的外国学者认为是贝加尔湖，有的学者认为是中国。自从详细观察了北京人的石器之后，我认为细石器起源于我国的华北。因为在含北京人的化石层里，特别是在上部发现过许多小石器，有的小石器小到只有两三克重。虽然早期的细小石器和晚期的细石器在打制技术和类型上完全不同，但在其细小上则是一致的。随着时代的前进，生活环境的改变，当然打制出的石器会有所改变和演化，这也是历史的必然。

我在东北、华北、西北各地不止一次地调查，走得最多的是内蒙古和黑龙江。现在回忆起来，仍然勾起我许多怀念。我到过的地方很多，但去过后忘记的也很多。有很多有趣的事和一些发现，时间一久，因想不起去的准确时间及一同前往的人员，就只好弃之不写了。1997 年的 6 月 1 日，是杨钟健先生诞辰 100 周年纪念日，他的许多亲朋好友、同事或学生都来我们研究所参加他的纪念活动。我当年的进修生、现甘肃省文物考古研究所所长谢骏义先生也出席了。他来看望我时，提到了我们一起做长途调查的情况，又引起了我的回忆。

那是 1974 年 7 月下旬，我和谢骏义、卫奇两位先生，为了寻找旧石器，特别是想搞明细石器的分布，到内蒙古、雁北、宁夏、甘肃等地做了一次长途旅行。我们是这年 7 月 30 日从北京乘火车出发的。沿途的火车都脏乱不堪。我本来可以坐软卧的，但买不到票，只好作罢。软卧车厢挂得靠后，列车员也是有了乘客现开门打扫。当时吃饭成问题，车进了站，虽说站台上有卖东西的，但也都是一抢而光。

火车走一夜，次日便到了呼和浩特。接待我们的是内蒙古自治区博物馆。当我们参观博物馆时，看见陈列柜里有一个石针，它引起了我们的兴趣。我请博物馆的陪同人员把它拿出来仔细观察。<u>这枚石针呈黑色，有如火柴棍大小，上方下圆，针尖锋利，石质不硬。</u>据博物馆的同行介绍，它出自新石器时代遗址。我看了后认为是新石器时代的人作为针砭❶治病用的石针。

回到北京后，我和一位老医生谈起这件石针，他非常兴奋，立即叫我给他写了封介绍信，急急火火地去了呼和浩特内蒙古自治区博物馆。看后，老医生非常同意我的看法，也认为此石针是做针砭用的。如果我的推断得到证实，中国早在七八千年前的新石器时代就有了石针针刺治病，石针是医学史上不可多得的宝贵证据。那位老医生临走，还要求接待他的博物馆汪宇平先生给他做个石膏模型，结果失败了，不过汪先生还是用木料为他复制了一根。他回到北京后拿复制的石针给我看，我看其大小形状都同原来的那根很近似，也是黑色的，只不过外表光亮一些。这些都是后话了。

我们到内蒙古的时候，肉还是定量供应的。汪宇平非要我们去他家吃饭不可，说是请我们吃粉条子炖猪肉，他说借我们的光，也一起解解馋。他哪儿弄来的肉呢？饭桌上，他露了实情，原来他向上级打

---

❶ 针砭：古代用来治病的石针或石片。

了报告，说是从北京来了"贵客"，上级特批了 10 斤猪肉。

我们这次在内蒙古活动大约有一个月，内蒙古博物馆葛静微副馆长亲自接待了我们。首先，汪宇平先生领着我们参观呼和浩特东郊新发现的大窑遗址。这是一处石器制造场，在红色沙层里石器和石片很多，几乎满山头都有石器和石片分布。看来很早以前——距今约二三十万年，就有人类在此制造石器了。据村中的老人跟我们说，直到最近还有人在这一带开采火石出售。

这个遗址的发现也是很偶然的。汪宇平先生原是报界人士，自从调到博物馆后，对旧石器发生了浓厚兴趣，潜心钻研。有一次他得知大窑村发现了窨❶藏的古瓷器，就到那里为博物馆去收购。在老乡家里吃完晚饭后，他从衣兜里掏出一块石片，问老乡这里有没有这东西。老乡说，这里有的是，就在离这里不远的山坡上。结果这个遗址就这么被发现了。这个遗址应该很好地进行保护，发掘时也应该按照不同时代的地层发掘，切不可混淆在一起。这对以后的研究非常有益。

随后，汪宇平、李荣和其他三位先生加上我们三人分乘两辆吉普车从呼和浩特出发，到四子王旗、二连浩特（以下简称"二连"）、集宁等地考察。在包头我们看到了两个旧石器地点。两个地点都位于两个小山包上，相距不远。这两个地点出土的虽然都是细石器，但仍属于数万年前的旧石器地点。

从包头北行到了百灵庙。参观了百灵庙后，在招待所小住了一夜，往西前往白云鄂博，沿途考察石器地点，在白云鄂博之北我们发现了一处细石器地点。从白云鄂博往东行又到了苏尼特右旗，沿途都有发现。在脑木根（现称脑穆根）这个地方还发现了相当古老的哺乳动物牙齿化石。

从脑木根去二连，我们的汽车沿着中蒙边界行走。中蒙边界线当

点拨

细致的描述有助于激发读者的想象力，感受人类文明进程的厚重与考古发现的神秘感。

❶ 窨（yìn）：地窨子，地下室。

时有一条 10 米宽的界线，年头久了，已辨别不清。中途遇不到人家，司机不时地停下车来观察方向，唯恐超越了国界，跑错了方向。我们大家也提心吊胆，到了二连后才放下心来。

这次旅行考察，可以说出了包头不久，便进了戈壁地带。所谓戈壁，就是到处都是苹果大小的砾石加粗沙，一眼望不到边。地面缺水，植物稀少，当然也很少见到人烟。我们在出行前准备了好几天，最主要的是要带好修理工具和充足的饮水。为了相互照应，还必须有两辆吉普车同行。途中偶尔能遇到帐篷，它们都支在有一点荒疏的草的地方。遇见这样的帐篷，只要你在外面问一声好，就可以走进去，盘腿在地毯或毡子上一坐，会受到主人很好的招待。奶茶是少不了的。帐篷里总烧着水，女主人马上会擦一擦碗，抓上一把炒过的糜子粒，倒上煮好的砖茶，放在客人的面前。几碗入肚，茶中的糜子粒也吃光了。我喝他们的奶茶不喜欢放盐，也不用筷子，喝到最后，碗中的剩米粒用舌头舔几下就吃得干干净净。

二连在中蒙边界上，虽然城市不大，但相当有名。从北京直达莫斯科的火车，在这里要进行边境检查，火车也要换成宽轨的苏联列车。城里只有一条不长的街道，东西走向。中间靠北侧有一条不长的街，街的北头就是中蒙边防站。

在二连宾馆居住，我们和当地驻军建立了联系。记得有一天他们邀我们一起外出猎黄羊。大家乘的都是吉普车，他们在前，我们这些人因不会放枪便殿后。他们在前边打，我们在后边捡，拾到打死的黄羊就扔到车上。我们的司机看到有的车猛追逃跑的黄羊，直到把黄羊追得累死才算了，也兴致大发，跟着追了起来。虽然累死了几只黄羊，但我们也漏拾了很多只被打死的黄羊。

在这里野生的黄羊很多，一群一群的，有的一群达几百只，甚至上千只。它们常和家羊争夺有限的草地，所以群众很希望消灭它们。

这些黄羊与山羊很相似，但腿长得多。我在放牧的羊群里，有时

点拨

生动地描绘了边疆牧民的热情好客，展示了草原文化中的开放和质朴，为荒凉的环境注入了温暖的人情味。

167

看到掺杂的黄羊。看来这种野黄羊也并非不能驯养。只是当地人不喜欢吃黄羊而喜欢吃家羊，黄羊被作为狩猎对象罢了。❶

就在这一天我们吃了一次烧整羊。主人请我们就座后，四个人把一只烧烤好的整羊放在一个大木盘里，抬上桌来，羊头向前伸着，四条腿窝在身下。我们每人面前放了一把刀。烧羊味很香，但没人动手。后来有人在我耳边说了几句，我才明白。我是主客，按当地风俗，我必须先在羊身上拉一刀，大家才能动手。

我拿起刀子在羊身上划了一刀后，大家七手八脚地动起手来。只见主人拉下一大块尾巴油给我吃，这实在难为我了。后来同行者说情，我才吃了一小条。这时大家开怀畅饮，大口吃肉。我虽然还能喝上二两酒，但遇见这种场面，只好说自己有心脏病，不能饮酒。否则只要一小杯下肚，就会叫你换大杯，直到醉倒为止，不醉不够朋友。他们对客人真是十分热情，但也叫我们有点发怵。

我们并没有忘记这次旅行的目的，在二连也探查了一些石器和哺乳动物化石地点。

完成了对二连的考察，我们又南下经苏尼特右旗到达集宁市。在集宁我们停留的日子较多，因为在集宁的南郊以前就有人发现过一处细石器地点，我们也曾到那里进行过发掘，这次还想在附近查看一番。我们在集宁市发现这里的领导和群众对古代遗迹非常感兴趣。他们认为古代人类曾在他们这里居住过是很荣幸的事。他们要求我们在集宁市的剧院礼堂给大家讲了一次课，参加的人数还很多。

在集宁考察，我们不但要走很多路，还要随时查看地面，所以要低着头走路。有时回到住所感到很劳累。有一天，跑了很多路，回到住所后已经很疲劳，但我还想到一家点心铺里去看看有什么当地的风味糕点。陪同我们一起调查的一位集宁市工作人员对我说："我们这里做的点心比砖头还硬，牙齿好的恐怕也咬不动。"我说："你们给他们调换一下工作不就成了吗？""怎么换？""把做点心的让他去烧砖，把烧砖的调来做点心不就成了吗？"大家听后都大笑起来，也不觉得累了。

我们这些在野外工作的人，常常说笑话，这样对解除疲劳很起作用。30年代时，我们的笑话很多，有心的人真可搜集起来写一本《笑话小集》。有关卞美年先生的笑料就不少，可惜年代久远遗忘了很多。我记得有人写过一首打油诗："好女不嫁地质郎，一年半载守空房。外出打扮像公子，回来虱子爬满床。"这也从侧面描写出了我们地质工作者的生活。

9月1日，我们返回呼和浩特市。在集宁市时，卫奇先生就告诉我，大同市以东的阳高县许家窑和与之交界的河北省阳原县的侯家窑村，有的农民在那一带挖"龙骨"，由于砸死了人而被禁止了。地层里发现了很多石器。我认为这个消息很重要，决定立即到那一带走一趟，做个调查。

我们到达呼和浩特后，没过多地停留，即到大同市，在雁北地区文物工作站负责人、考古学家张畅耕先生的陪同下，前往雁北地区考察。考察进行了十多天，除在左云县境内考察石器地点外，也顺便参观了大同市的云冈石窟、大同九龙壁、上下华严寺等古迹。接着又考察了山阴县的鹅毛口新石器时代石器制造场，看到了石锄等农具。这些石器证明了当时已有农业出现。

在朔县（今朔州市）我们考察了28 000年前的石器地点。这一地点的石器类型很多，已与后来的细石器有所接近。我们还前往应县参观了久负盛名的应县木塔。最后到了我们非常想看的位于山西省阳高县古城乡的许家窑村。我们在村东南约1千米的一处断崖上，看到遍地是哺乳动物化石碎块，地面上的石器也很多。我当时就断定这是一处非常值得发掘的地方。

在这个地点，1976年春、1977年秋和1979年进行过三次发掘，

点拨

打油诗以诙谐幽默的方式，展现了地质工作者的乐观精神和对生活的热爱，道出了地质工作者的艰辛生活。

发现了大量的细小石器和人骨化石及哺乳动物化石。石器制品非常精致，我们还以为是数万年前的人类制造的。后来发现了人类化石，因其具有许多原始性质，所以时代提到了十万年前。这个地点定为"许家窑遗址"。

考察时卫奇发现，当地妇女的门齿外面多有圆形的凹坑，他认为是饮水中含氟量太高所致。在这里发现的头骨骨片化石，我也观察到它们与正常人的头骨不同，有异断面的内外骨板相夹的骨质呈棕孔状，并非像正常人呈海绵状。这与陕西公王岭发现的蓝田猿人头骨的断面十分相似。此种现象是因饮水含氟量高所致还是一种病态，我没搞清楚，因为我不是病理学家。如果有人去研究它的病因，在病史上也是很了不得的事情。所以我认为研究古人类学，必须进行综合研究才能得到突出的效果，就是由于它包括的面很广。

1974 年 9 月中旬，我和谢骏义、卫奇两位先生从大同乘火车到达了宁夏回族自治区的银川市。接待我们的是自治区文化厅文物处处长、博物馆的钟侃先生。在宁夏我们首先考察了贺兰县两处细石器地点和一处新石器地点。值得一提的是，我们参观考察了仰慕已久的水洞沟旧石器时代遗址。

水洞沟遗址是 1923 年法国天主教耶稣会神父桑志华（Emile Licent，1876—1952）和德日进发现的。德日进 1923 年第二次来华，当年即和桑志华从北京乘火车到达包头，然后步行加骑驴到银川。从银川往东南，他们渡过黄河，在离黄河东岸不远处发现了水洞沟遗址。在这个遗址的黄红色的土层里，他们发现了不少石器。再之后他们东行，在内蒙古自治区萨拉乌苏河附近又发现了萨拉乌苏遗址。水洞沟遗址的石器是大型的，萨拉乌苏遗址的石器是小型的，有的细小石器其重量不足 1 克。

水洞沟遗址在灵武县境内，我们在那里活动了两天又返回银川。当时，银川考古部门正在发掘西夏王朝帝王陵，我们前往参观。只是

点拨

对头骨化石的细致观察，展示了作者严谨的科学态度和细致的研究方法。

170

寝陵既大又深，我没下去参观里面的陪葬物品。

我记得袁复礼先生曾经送给我们研究所一批用红色燧石打制的细石器。那是他参加西北科学考察团时发现的，石器上注的出产地叫"银更"。裴文中和我曾到清华大学问过袁复礼先生"银更"在何地方，但他说记不清了，印象中是沙漠地。我们在这次考察中，边走边打听叫"银更"的地方。据当地人说，叫"银更"的地方很多，"银更"是蒙语，为"石磨"的意思。在银川时，我们听说附近确实有个地方叫"银更"，不过乘汽车需要三天的时间才能回来，我们只好放弃了此行。

9月下旬，我们三人从银川乘火车到达了兰州，下榻在兰州饭店。在省博物馆馆长吴恰如先生的陪同下，我们在甘肃省境内考察了二十多天。

国庆节前，我们从兰州乘汽车去了武威地区，先到民勤县红崖山水库附近，考察新发现的象化石地点，而后到永昌县的河西堡，考察鸳鸯池五六千年前的属于马厂文化（青海省民和县马厂塬遗址，曾出土了大量四五千年以前的彩陶，属新石器时代晚后期）的墓地。

我还记得，在新中国成立前夕的1948年，我曾随裴文中先生和刘宪亭先生等前往民勤境内进行过考古调查。那时当地的百姓缺吃少穿，生活非常贫苦，我们考察有时坐的是马拉的大轱辘车，车轱辘很大但不圆，在沙漠地里走起来咕咚咕咚的。现在再次到那里，情况完全不同了，一色的柏油路面，路的两侧是高大的杨树，水库中的水非常清亮，微波荡起，泛起片片粼光，真是远非昔日可比。

我们这次到鸳鸯池考察，是因为这里发现了镶嵌在骨柄上的小石片。这一消息是在这次长途旅行前，甘肃省文物局局长王毅先生到北京来告诉我的，这引起了我极大的兴趣。我立即请王毅先生往当地发电报："务必使这个发现物保持原样，连小石片也不要卸下来。"这次

点拨

通过对比新旧考察经历，生动地展示了当地环境和基础设施的巨大变化，反映了时代的变迁和社会的进步，也烘托了新的考古发现给人带来的喜悦之情。

171

到了甘肃，当然不能放过目睹的机会。

1997 年 6 月初，谢骏义来我家时，我们又谈到了鸳鸯池的这个发现物。他说是石刀，我记忆中是把镶嵌石片的短剑。因为从形状上看它和剑十分相似，骨制的剑身一端很尖利，中间还有直竖隆脊，在尖端和两侧有挖制的沟槽，沟槽中镶有连接的薄而直的细石叶。这种细石叶在细石器遗址里常能见到，但大多未引起人们重视。最受重视的是各种类型的石核。其实使用的倒是由石核打击下来的小石片（或称为小石叶）。

小石叶从石核上打击下来时，石片有向内面弯曲的弧面。当把小石片的两端掰去，剩下中间的一段，看上去就很直。再把两端很平的细石叶彼此衔接起来就是很好的很直的刃，而且可以随意衔接长短。如果我的记忆无误，我认为，在目前来说，它是世界上最早的剑。后来的铜剑无疑是由它演化而来的。

工作告一段落，我们返回兰州。国庆过后，我们又由兰州经平凉去了陇东。去陇东的目的是到庆阳城北三里铺访问当地的老农民和天主教老修女，想从当年给桑志华挖掘化石的老人那里，了解一下当时挖掘的情况和地点；从当时在桑志华神父管辖下的修女那里，了解当时桑志华工作的情况。因为年代久了，如果不加记载，就会丢失这一段历史。桑志华于 1920 年在这一带发现了许多哺乳动物化石和石器，石器距今已有数万年的历史。石器地点有两处，均在黄土中部、底部，这在中国是首次发现。现在他采集的化石绝大部分还保存在天津北疆博物馆，即现在的天津自然博物馆里。

最后我们在王毅先生的陪同下，南下到天水的麦积山。我们调查了天水地区的化石地点，并做了此次旅行的工作总结。10 月内我们完成了一切工作，我和卫奇先生由兰州登上了返回北京的列车。

我以 66 岁之身参加这次长途旅行考察，我为能为本门科学奋斗不息而感到满意。前人曾教导我，搞好这门科学要"三勤"，即"口勤、手勤、脚勤"。前人的教导虽然只有六个字，我却深刻地感受到它对我的成长和成才带来了莫大的教益。研究古人类学、旧石器考古学及古生物学和搞地质学一样，如果不亲自去跑、去看、去找，只仰仗向别人要点材料做研究，是永远也不会成功的。

?1.作者为什么认为细石器可能起源于我国的华北？

?2.作者在考察过程中遇到了哪些有趣的事情？你觉得考古工作有什么特别之处？

从死神身边逃脱

> 生死关头，人最能看清自己。贾爷爷是一位饱经沧桑的考古学家，他用朴实无华的语言，记录了一生中数次与死神擦肩而过的经历。从吉普车翻滚到罹患癌症，他用亲身经历告诉我们，生命是如此脆弱，却又如此顽强……

点拨

以充满惊险的语句勾起了读者的兴趣。运用了"被死神攥在手里"这一生动比喻，形象地描绘出生死攸关的经历。

在我的一生中，曾几次被死神攥在手里，又几次逃脱。

1975 年 7 至 8 月间，我和人类学家张振标先生由魏正一、于凤阁等先生陪同，到黑龙江考察。我们先乘火车从哈尔滨到牡丹江，之后改乘吉普车南行，准备前往镜泊湖东岸一带。我与张振标先生坐的一辆车，走在前边。在离宁安县城不远的地方，忽然吉普车机器盖冒了烟，司机当即停车打开前盖。只见一下喷出很高的火苗。他一边大声喊叫"你们快跑，跑得越远越好"，一边脱下衣服抽打。我们并没跑，我叫张振标先生到公路旁的水沟里抠出连水带草的泥，递给我。我往火苗上拽。火被扑灭了，可吓出了我们每人一身大汗。过后回想这事，我觉得司机用衣服拍打还真不如我们用泥拽好。

等后边的那辆车到了，我们坐上赶到镜泊湖招待所已是下午了。这个招待所是为苏联专家建立的，并不对外。我住的那间房，我们科

学院的老院长郭沫若曾经住过。房间里还摆放着纸笔墨砚，显得非常文雅。只可惜住了一夜，又出发了。

沿着镜泊湖东岸南行，在离吉林不远的地方我们考察了一个石器地点。这个地点出土的石器是用黑曜石❶打击成的。这在我国还从未见到过，黑龙江省博物馆已派人在那里发掘和研究。这和我所要找的细石器完全不同，应属于另一个文化传统。适值吉林省博物馆的姜鹏先生前来接我们，我们又去了长春。参观了吉林省博物馆后，我动身返京。张振标先生在长春尚有其他工作，稍后才走。

第二年，即 1976 年 7 月份，我们研究所组队与黑龙江省博物馆的研究人员一起，又赴黑龙江省的最北端十八站进行发掘。7 月底，当地驻军对我们说，唐山发生了大地震，唐山、丰南地区损失很大，死伤人数很多，地震波及了天津市和北京市。大家一听，都很担心家里及研究所的情况，很是不安。幸而很快收到了所里发来的电报："所里和家里情况都很好，不必挂念。"大家心里才踏实一些。

工作结束，我从哈尔滨乘三叉戟飞机飞回北京。飞机很大，坐着很舒服。这和 1937 年我由昆明到西安、1948 年从北京飞往兰州所乘的飞机真有天渊之别。这也只是感觉，我无心浏览这架飞机的一切，心里恨不得快点到北京。地震后的北京、所里、家里不知是什么样。

从机场回家的路上，沿途一切都变了样，大街上到处都是搭的地震棚，就连市政工程用的大水泥管也成了临时住所。到了家一看，院子里也是一个挨一个的地震棚。有的地震棚上遮着油毡，有的是塑料布，有的是床单，还有的糊了些报纸、牛皮纸之类的，五花八门，什么样的都有。我所住的楼也受到了损坏。在楼下的不远处，搭了一间小棚。我住在里边真像过着原始的生活。

没有多久，国家文物局局长王冶秋先生找到我，说："请你再前

点拨

生动地描绘了地震后北京的景象，形象地展示出地震对城市造成的破坏和对人们生活的巨大影响。

---

❶ 黑曜（yào）石：是一种常见的黑色宝石，又称"龙晶""十胜石"，是一种自然形成的二氧化硅，通常呈黑色。

往内蒙古'御驾亲征'一次如何？他们在呼和浩特市东郊发现的材料还须去帮助发掘和研究，到了那里即使提一提意见也好。"我与老伴和长子贾彧（yù）彰商量，他们都认为我到内蒙古待些日子比在地震棚里要好，所以我就答应了。由于这次再到内蒙古是王冶秋局长请的，所以我受到了很好的接待。

到了呼市（呼和浩特市的简称），第三天我们就到市东郊的大窑村详细查看。我们在这个地点所处的小山周围粗查了一遍，直到下午日将落山，才往呼市返回。我乘的还是吉普车，按照我的习惯，我坐在前排司机的旁边。我看到车子开得很快，就嘱咐："开慢一点。"司机只是"哦哦"地答应，也没慢下来。突然车子失控，蹿出公路，向路旁成排的树中间冲过去。还没等我喊出声来，车子已向前折了个360度的大跟头。含在口中的烟斗和我的眼镜一下子飞了出去，当时我就晕了过去。

大家把我送进了一家医院里，直到第二天我才清醒过来。只是这里的医院有医无药。内蒙古博物馆的一位女馆长从朋友处好不容易找来点什么霉素，放在窗台上，转眼工夫就丢了。最后上报了这件事，才从军队的药库里得到了急需的药品。

我醒过来，守护在旁边的人才放了心。据他们说，我们同行的几辆车，都被我乘的那辆吉普车远远地甩在了后面。最先看见我那辆车出事的，是一位正在骑自行车的青年妇女。她扔下车跑了过来，见吉普车顶已塌，我坐的那边的车门已掉了下来，我的上半身落在地上。她正想把我扶起来，后面的车到了，大家七手八脚地才把我送到了医院。

见我醒来，民警也来了解情况，问我是否车开得太快。我说："不快，是路滑造成的，因为出事前刚下过雨。幸而司机很机智，擦着树的间隙而过，否则非车毁人亡不可。"民警虽对我的话半信半疑，但由于我语气肯定，一口咬定是路面造成的事故，他也只好把证件

点拨

通过简洁有力的语言，将车祸的惊险场面生动地呈现在读者的面前，让人不禁为作者捏了一把汗。

退还给司机。司机一家人都指望着他挣钱生活，我岂能不为他说点好话呢？

回到北京后，司机一家人还专程来北京看望我，感谢我的"救命之恩"。我对他说，要说有"救命之恩"的是你不是我，你要是开车撞到树上，咱俩不就都玩完了吗？

我遇险后，王冶秋先生和我们研究所商量，先对我家里保密，看看我的伤情再说。没多久，我的伤势渐渐好了起来，胸骨骨折也长好了，还可以下床走动几步。这时北京大学考古专业（即现在的考古系）吕遵谔教授前来看望。他详细问了我的伤情，我说，其他恢复得很好，只是胸部还有阵阵疼痛。最后他叫我亲自给我老伴写封信，谈谈我的情况，免得家里挂念，我照办了。吕先生回到北京后到我家，把信拿出来给她看。老伴问："既然伤都好了，怎么不回来？""让他多养几天，养得比以前还健壮再回来不更好吗？"

我在内蒙古的医院住到了初冬，医院还没烧暖气，几位司机拿来了一个大电炉子给我取暖。又过了不久，我们研究所的刘静波先生来到呼和浩特，接我出院。几天后我俩乘飞机回到了北京。

我们的研究所在北京德胜门外祁家豁子，我住的宿舍也在大院之内。由于地震的破坏，宿舍成了"危楼"。所里照顾我，把图书馆的一间房腾了出来，让我们夫妇居住。后来，我的次子把我们接到他家里住了一段时期，我的身体才渐渐恢复正常。

这次翻车几乎丧了命，直到现在朋友还拿我开玩笑，说我是最出色的特技演员。场面惊险有三：第一，车子失控后，蹿到路旁树的空隙之间，没撞到树上；第二，车子向前折了360度的跟头，车棚瘪了，车门掉了，挡风玻璃碎了，我的下身还在车里，上半身横在车外，嘴里叼着的烟斗和戴着的眼镜飞出很远，我的头没碰伤，满脸满身的玻璃碴子也没把脸和身上划伤；第三，车棚上的横梁断了，我戴着的一顶蓝布帽子挂在了上面，只差1.2毫米，我的头就会被断梁穿个窟窿。

点拨

以轻松的笔调回顾了车祸的经历和车祸的惊险，展现出作者乐观豁达的人生态度。

大家都庆幸我能活下来，说我是大难不死必有后福。其实后福有没有说不清，但大难不死是有的，而且不止车祸这一次。

最危险的是 1988 年，我得了一场大病，说句文雅的话，差一点"与世长辞"。

那年，正值我 80 岁。一天清晨，我上厕所，发现大便发黑，老伴看了认为是便血，劝我到医院去检查检查。当时我们研究所已经迁到了西直门外大街 142 号——北京动物园附近。我的家也搬到了院内宿舍。我到了人民医院，大夫为了确诊，叫我住院检查。肠镜的结果是结肠癌。但是医德高尚的外科荣大夫对我说是横结肠上长了一个腺瘤，劝我还是动手术切掉好，不然会越长越大。所里的领导及我的家人都知道病情，只瞒着我，怕我思想上有负担。我还是几年之后，偶然翻看了当时的病历，才知道了真相。

术前我做了各方面的检查，特别是血。医生说按照我的年龄，这不像是我的，而更像年轻人的。如果手术时间不长，最好不给我输血。

手术那天，我的家人都来了，他们目送着我被推进手术室。大夫按着肠镜的检查结果先在我的右胸下横着开了一刀，取出横结肠，但怎么也找不到肿瘤。再找还是没有。这时时间拖了很长，聪明的大夫突然想到是不是检查的结果左右错了位。他立刻把刀口缝合，又在肚脐左上侧竖着开了一刀，才找到病点。结果切除了大约 25 厘米的一段结肠，把小肠和大肠连在了一起。手术原来只需要一个半小时，这回用了六个多小时才完成。麻醉师看我手术时间太长，失血过多，还是给我输了 800 毫升的血。这次输血可给我带来了灾难。

出院之后，头几天自己感觉良好，不久就感到四肢无力，瘫软得连衣服都不能自己穿。接着眼睛和脸色变得蜡黄。我患上了肝炎，这是输血造成的，我输进了带肝炎的血。当时，各单位都组织献血，有的人体检很正常，但让一些以卖血为生的人代替献血，所以从血库拿来的血，也有"伪劣假冒"的。

经人介绍，我住进了中日友好医院。那里有传染病房，但病人太多，没有单人病房，我只好和一位年轻的外地患者同室。虽然病魔缠身，腿浮肿得厉害，浑身无力，但我的心情很开朗。大夫叫打针就打针，叫吃药就吃药，积极配合大夫治疗，我成了这个传染病科的最佳病人。大夫经常以我为例，劝说一些思想有包袱的病人。

与我同室的那位病友，不听大夫叫他少吃东西的劝告，叫妻子到街上买了两碗饺子，偷着吃下。吃后他就感到不舒服。大夫知道后很恼火，马上对他救治。为了抢救方便，大夫把我换到了另一间病房。当天夜里他就死了，是死于胃出血。人的"生"与"死"就像一层窗户纸，一捅就破，死是多么容易啊。

我的水肿越来越厉害，从脚一直肿到了肚脐眼。虽然每天用药物排尿，但仍时好时坏。大夫给我用红小豆和鲫鱼煮汤，要我天天喝，但我一点胃口都没有。说实在的，喝这汤比喝药难咽。

为了增加营养和抵抗力，大夫建议我打"胎盘白蛋白"。这种东西，医院里美国、日本和我国香港产的都有，但怕有艾滋病毒，不敢用，大夫叫我最好自己想办法，找国内产品。当时国内产的胎盘白蛋白很难搞到，只有献血者才能买到一瓶。我们想尽各种办法，到处托人，连九三学社中央都帮忙，最后总算买到了33瓶。我每天注射1瓶，不想病还真有好转。

给我看病的主治大夫是位年长的老大夫，他在其他医院也有兼职。他认为我已是80岁的老人，要保守治疗。可是另外两个年轻大夫，认为我虽然年纪大，但体质好，又没什么其他病症，准备为我来一下"恶"治。

他们叫我服大量排尿的药，每天认真记录，接着打白蛋白和补钾。几天下来，弄得我一丝力气都没了。可喜的是，我的水肿渐渐消退了。老大夫听说后，也很高兴，对我说："每天这样大量排尿，身

点拨

这一段话是全文的亮点，作者用乐观的态度面对疾病，给读者带来了心灵的震撼，传递了积极向上的力量。

点拨

将生与死之间的关系形象地比喻为一层窗户纸，形象地表现出生命的脆弱，引发读者对生命意义的思考。

180

体能支持下来真是不容易。打白蛋白等于借钱吃饭，你还得自力更生来养活自己。"一句话说白了，就是叫我自己吃东西。从此我就尽量吃，不爱吃的也要吃。饭量增多后，就逐渐减少白蛋白的用量。我的身体渐渐恢复，不久各项指标均达到了正常人的水准。经大夫同意，我被转到了康复病房。

　　康复病房窗明室亮，有卫生间，有电视，有冰箱，有电话，比一般病房舒适多了。大年三十，在北京的妻儿老小，还自己动手包饺子，在康复部的伙房里，吃了一顿团圆饭。

　　80岁的生日，我是在中日友好医院度过的。亲朋好友、在医院的病友和大夫，都来为我祝寿。有的送花，有的送字，历史博物馆还专

阅读笔记

门给我送来了特意为我制作的老寿星。他们把我当成小孩子，我对此感到十分高兴和幸福。

春节过后，我已经能独立生活了，吃饭、上厕所已不用人照顾。孩子仍日夜陪伴着我。我以为用不了多久就可以回家了，却又遇上了倒霉的事。

一天早晨，医院雇用的卫生员打扫完房间后，打开窗户，准备擦玻璃。一阵凉风袭来，吹得我打了个冷战。下午我就发高烧，我又得了肺炎。每天打吊针，就是高烧不退。医生通知了单位和家属："看样子他出不去医院了，要做最坏的打算。"

死亡之神又围着我转来转去。"人之将死，其言也善"，在我清醒的时候，我就想，自己一生是否做过坏事，是否有对不起别人的地方呢？虽然我娶过两个妻子，但她们俩都彼此谅解了。我孝敬父母，善待儿女子孙，只是因工作关系对他们照顾不够，也没有为他们安排好工作，这是我能力有限。再说，不依靠别人，对他们以后的生活也有好处，他们也会谅解的。想来想去，我不欠人情债，心情反而踏实多了。

唯有在工作上我还没有对自己提出的三大课题即人类起源的地点、人类起源的时间、人类在演化过程中先进与落后并存的重叠现象有所突破，因而有些着急，但天命难违。

还有一句古话，就是"人生七十古来稀"。我已活到80岁了，赚头还不小，我的老师或前辈们也大多没我活得长。裴文中活到78岁，魏敦瑞活到75岁，德日进74岁，杨钟健先生也只活到82岁；我的父亲活到73岁，我的母亲活到84岁，我还有什么不可撒手人寰的呢？俗话说"不做亏心事，不怕鬼叫门"，我虽不信鬼神，但觉得这句话有一定的哲理。

大夫看什么药对我也不起作用，就决定给我注射"先锋5号"，如果"先锋5号"作用不大，就只剩下"先锋6号"了，再也没有别

点拨

体现出作者作为科学工作者对事业的热爱和不舍。这种对真理的渴求与对自我价值的坚持，使整篇文章在情感深度上得到提升。

的办法。不想我的烧渐渐退了，精神也慢慢好了起来，死神再一次被我从身边赶走。

1989年4月底，我出院了。出院之前，大夫、护士长及护士们为我祝贺，问我："怎么会好的？"我说："是你们给我治好的，怎么问我呢？"大夫说："这不单凭我们的治疗，最重要的是你对疾病不畏惧，有战胜疾病的信心，能很好地配合我们。"不怕死的心，我是有的；但什么信心，当时我还真没力气想这些。

出院后，我一心在家疗养，在小书房里看寄来的信和书。过了一个多月，我的元气恢复了，我又开始趴到桌上写东西——总是这样，每次遇险和大病之后，我都能有时间安下心来总结一下过去的调查和研究，安安静静地写点东西。对我来说，这算是大难不死的"后福"吧。当然一些国内、国际的学术会议，在我身体许可的情况下，我是尽量参加的。听听同行们的新观点，互相交流一下意见和建议，可以使自己增加很多新的知识。

点拨

将不幸遭遇看作人生的一次机遇，利用康复的时间进行总结和思考，体现了作者积极乐观的人生态度。

阅读思辨

? 1.你觉得作者对死亡的态度是怎样的？

? 2.作者经历了哪些让他印象深刻的"死里逃生"时刻？你从这些故事中体悟到了什么？

路途依然遥远

阅读提示

　　本文通过生动的考古实例和贾爷爷个人经历，带领读者走进古人类的世界。贾爷爷不仅展示了古人类的生活智慧和创造力，还通过自己的考古故事，揭示了考古学的魅力和重要性。文章不仅是对古人类生活的探讨，更是对知识传承和学习精神的赞美。

　　我这个人喜欢遐想，但又不是漫无边际。比如，在山顶洞、辽宁省海城小孤山遗址发现了骨针，由此推断当时应该有"衣服"。什么叫衣服呢？如果用兽皮肩冷披肩、腰冷围腰，就像我们用毯子裹住自己，那叫衣服吗？当然不是，我想只有把兽皮用针缝缀起来，不管缝制技术有多粗糙，这样的东西才能叫衣服。当初制作衣服并不是为了美，而是为了御寒。有了御寒的能力，人的活动范围就扩大了，适应和生存的能力也增强了。

　　在1991年第3期的《大自然探索》上我发表过一篇题为《人在何时登上了美洲大陆？》的文章，文章中我认为细石器起源于我国华北，经宁夏、内蒙古、蒙古人民共和国❶和我国的东北到东西伯利亚，最后通过白令海峡进入到北美。细石器的主人要想追猎大兽，通过白

点拨

通过分析细石器时代人类的生存条件，将衣服与人类迁徙联系起来，提出大胆的假设，推断人类掌握缝制技术对迁徙的重要性。

---

❶ 蒙古人民共和国：即今天的蒙古国。

令海峡，必须有两个不能忽视的条件：一得会人工生火；二得有用针缝缀皮衣的本领。

从石器上看，从100多万年前到1万多年前，有不同的传统，也有继承关系。一代接一代，一茬接一茬，这当中一定有传授的方法。这种传授方法除手把手地教之外，还应有一种解释的能力，使别的能工巧匠懂得自己的意思。这种解释能力就是语言，尽管语言很简单。俗话说，人有人言，兽有兽语。人的语言又是何时才有的呢？

又如，在山顶洞发现了很多的装饰品，这些装饰品都有孔，可见当时穿孔很普遍。这些装饰品除起装饰作用外，也可能还有其他用途，如计数或者作为权力、英雄的象征等。不能否认，爱美之心两万年前的人就有了。

干我们考古这行的，特别是史前考古的人，要有丰富的想象力。想象力来源于知识，而知识的来源就是学习，随时随地向别人请教和实践。

不瞒众位，1937年年初，我和卞美年先生初次去云南的时候，就露过怯。我们到了云南，听说有一种很好吃的"过桥米线"，是云南的特色小吃，我们三人当然想品尝。走进饭馆，点了"过桥米线"。不一会儿，伙计在我们每人面前送上一碗汤，我以为这和吃西餐一样先上汤，就迫不及待地喝了一大口，紧接着又"哇"的一声，赶快吐了出来，这时，我口中已烫起了泡。我看汤并没冒热气，不想这么滚烫滚烫的，当然特色小吃也没吃成。

后来请教一位老人，才知道"过桥米线"的来历。据说，从前有个年轻的读书人，已经娶了妻。为了不受家人的打扰，他每天到庙中苦读。他家和庙之间有条河，河上有座桥。每到中午，妻子都为他送带汤的米线（用大米粉做成的面条），可是送到后，汤总是凉了。后来她想了一个主意，在烧好的汤上浇上一层油，不使热气跑出来，让丈夫把米线和肉片涮着吃，这样既热又好吃，这就是"过桥米线"。

点拨

论述想象力与知识之间的关系，说明考古学家需要不断学习和积累知识，才能更好地发挥想象力，强调了学习的重要性。

真是不经一事不长一智。

我们考古工作，也有相似的事。1959 年，北京举行"北京人（中国猿人）第一个头盖骨发现纪念会"，广东来的代表带来了一件在东兴县贝冢（坟墓似的东西）中发现的石器。这是一块两面打击而成的石片。从形状上看，它很像欧洲二三十万年前阿舍利时期的制品——手斧，与我国以往所发现的石器有很大不同。同年年底，我与戴尔俭、刘增等先生一起赴广东省东兴县（现属广西壮族自治区）考察。

陪同我们一起考察的还有广东中山大学的梁钊韬教授和黄慰文先生，广东省博物馆的杨豪、莫稚、梁明燊（shēn）等先生。我们先后对东兴、南海的西樵山、翁源的青塘等地进行了考察。东兴靠海边，贝冢很多。在县西北大围村东茅岭江出口处的杯较山，我们从三处贝冢里发现了贝壳和遗物。贝冢中打制的石器也很多，石器的尖端都是钝而圆的，这证明使用的部位是尖端。这些石器是干什么用的呢？我们考察的人都说不清。向当地群众请教，也没问出个所以然。后来还是一位老人家告诉我们说这东西叫"蚝蛎（即牡蛎）啄"，是专门用来打破蚝蛎壳，再挖取蚝蛎肉的。现在的人早已不用它，而改用铁钩子。退潮之后，我们亲眼看见很多小孩用铁棍敲开巴在石头上的蚝蛎，再用钩把肉钩出来，装进篮子里。

在贝冢里我们还发现了一个骨制的箭头。箭头是毫无疑问的，但它尖端钝圆。这是为什么呢？经过多方请教才知道，这是用来射羽毛艳丽的鸟用的。带尖的箭头，会将鸟射出血，鸟死亡后，羽毛就会失去原有的艳丽。不问、不学、不亲眼看见，当然就学不到这么多知识，再遇到相似的东西也无从解释。虽然贝冢中的磨光石器属新石器时代，但这种箭头的发现可以证明贝冢的时代有早有晚，晚的甚至可以到有历史记载之后。

我们从北海市乘汽车返回广州，因路途遥远，中途我们在一户渔家过夜。一进门我就看见墙上挂着的渔网。使我好奇的是，网坠不是铁或铅的而是海蚶壳。海蚶壳的凸出部分被磨成孔或钻成孔，然后成串地系在网上。我向渔户请教这种网的用途，渔户说这种网是拉虾用的。把成串系有海蚶壳的网绑在船的一侧，人横推着船在海中走，海蚶壳就能发出哗啦啦的响声，虾即向船上乱蹦。

这使我想起了在山顶洞发现的海蚶壳，我们把它们都当成了装饰品，是否它们也像这里一样用作网坠呢？如果真是这样，一万多年前的山顶洞人不是也有捕鱼捕虾的生活手段吗？当然这只是联想，还没有进一步的材料证明。不过如果不是亲眼所见亲耳所闻，谁会想得到呢？当然我们主要研究的还是古人类和他们遗留下来的文化——旧石器。人是何时由猿演化而成的？人的起源地到底是哪里？人又是如何一步一步发展成今天这个样子的？这些问题世界各国都在研究，但至今还没有个头绪。自从 1929 年 12 月 2 日下午 4 时，我国北京周口店发现了北京人第一个头盖骨以来，我国先后又发现了蓝田人、元谋人、郧县人、郧西猿人、和县猿人、沂源猿人等直立人化石；金牛山人、丁村人、长阳人、马坝人、许家窑人、河套人、山顶洞人、柳江人等早、晚期的智人化石，以及很多的旧石器遗址。

新中国成立后，在党和各级政府的大力支持和关怀下，我国的古人类事业和旧石器考古事业得到了飞速发展。从考古发现中我们证实了北京人不是最原始的人，北京人只不过是人类进化长河中的一个阶段、一个环节。要认识人类的起源和进化的过程，缺环还太多太多。尽管在我国找到了很多个缺环，但还不能把一个个环串接起来。再说这些问题也是全世界古人类学者和旧石器考古学者共同的课题，要搞清楚，不是一个国家的学者或一代人两代人能完成的。

目前，随着科学的发展，分子人类学出现了，一些学者利用基因方法来测定人猿分离的时间。当然它不能完全解决问题，体质人类学仍占有重要位置。骨骼化石特别是头骨化石显示出来的进化特征最明显。学者们可以从头骨的特征上观察出原始与进步、年龄和性别来，

点拨

通过一系列问题，引发读者对人类历史进行深层次思考，体现了考古学的宏大视野。

点拨

强调头骨化石在古人类学研究中的重要性，通过对头骨化石作用的描述，增强了读者对古人类学研究的理解和兴趣。

从而容易确定其在演化上的位置和与其他人种的关系，甚至连他活在世上时的相貌都可以塑造出来。北京人、山顶洞人的复原像就是根据发现的头骨塑造出来的。

提到复原像，我还想起一个真实的故事。二十几年前，南京郊外的一片树林中，有人发现了一具女尸，马上向公安机关报了案。公安人员来到现场，发现尸体已经腐烂。尸体头部腐烂得很厉害，面容一点也辨认不出来。尸体身上无任何证件，根本不知她是谁。叫有失踪亲属的人来认，由于尸体相貌不清，也没人认出。没办法，公安人员找到我们研究所。我所派了一位老技工去，帮助办案。根据对头骨的测量，老技工很快复原了女尸的头像。一位老太太一眼就认出了这是自己的女儿。案子很快就破了。至于怎么破的、凶手是谁我们不必管了，我只想就此说明头骨的重要性。

阅读思辨

? 1.为什么作者认为只有用针缝缀起来的兽皮才能称为"衣服"？

? 2.你觉得古人类使用装饰品除了美观还有什么其他用途？

流逝的岁月留下了什么

在生命的流逝中，我们留下了怎样的痕迹？贾爷爷以自己的学术经历为例，展示了如何在有限的时间内追求知识、服务社会。他的故事不仅是个人的奋斗史，更是学者对科学研究执着与热爱的真实写照。下面，就让我们一起看看这位古人类学家对岁月与工作的深刻思考吧！

我是决不会白白地浪费时间的。不经常外出搞野外工作，就在家写一些理论性的文章，不管别人对我的观点能否接受，我都照写不误。即便错了，通过探讨对自己或对后人也是提高。大地震后，1978年，当我70岁时，我发表了下面这些文章：

《中国细石器的特征和它的传统、起源与分布》(《古脊椎动物与古人类》，16卷2期)；

《从工具和用火看早期人类对物质的认识和利用》(《自然杂志》，1卷1期)；

《北京人时代周口店附近一带的气候》(《地层学杂志》，2卷1期)；

点拨

作者对学术研究的执着追求和对时间的珍视由此可见一斑，从中我们也可以窥见作者的学术态度和人格魅力。

《周口店——"北京人"之家》(《北京史地丛书》,北京出版社);

《西侯度——山西更新世早期古文化遗址》(与王建合著,文物出版社);

《中国大陆上的远古居民》(天津人民出版社)。

1980年以后我发表的文章有:

Early Man in China(《中国早期人类》,外文出版社,1980年);

《上新世地层中应有最早的人类遗骸及文化遗存》(《文物》,1982年第2期,与王建先生合作);

《中国的旧石器时代》(《科学》,1982年第7期);

《建议用古人类学和考古学的成果建立我国第四系的标准剖面》(《地质学报》,1982年第3期);

《人类的黎明》(主编,上海科学技术出版社,香港三联书店1983年);

1984年我与黄慰文先生合作,为外文出版社写了20多万字的《周口店发掘记》,它的英文译本为 *Story of Peking Man*(《北京人的故事》),天津科学技术出版社出版了中文版。

1989年我病愈出院后,反倒越来越忙了。虽然我很少到研究所里的办公室去上班,但我在家里仍每天工作6小时以上。如有人来访,那就算是我的休息。不但如此,我还没有礼拜六和礼拜天。

人的一生是短暂的,即使每个人能工作60年,掐指细算也只有

21 900 天，去掉工休日、节假日，再以每日工作 8 小时计算，人的一生用在工作上才有多少时间呢？

人的一世，也并非在于吃喝玩乐、穿着打扮，而应该为祖国、为事业干出点成绩。所以我以工作为乐趣，把自己不知道的东西变为知道，其乐无穷。

我有青光眼和白内障，每天要戴着老花镜和拿着放大镜写文章，的确很费劲，但我每写完一段或一节，思想上都会感到高兴和愉快。

进入 20 世纪 90 年代，我常为青年人写的著作作序。为青年人的著作作序，是对青年科学工作者的鼓励和支持。所以每当别人有求于我，不管认识或不认识，一般我都不拒绝。写序也很麻烦，你必须把文章都要看完，看明白，才好给人家"指指点点"。

除此之外，近几年我写的著作有：

1994 年，《中国古人类大发现》，香港商务印书馆出版；

1995 年，《中国史前的人类与文化》（与杜耀西、李作智两位先生合作），台湾幼狮文化事业出版公司出版；

1996 年，《发现北京人》（与黄慰文先生合作），台湾幼狮文化事业出版公司出版。

我写出的文章和著作，别人有什么反馈，这是我很关心的事。我把我能收集到的评论材料都装订起来，名为《拙著评述》。现在已有了第一册，目前我还在继续搜集，准备订第二册。那部 *Early Man in China* 出版后，我收到了许多国家同行的来信。信中绝大部分都是颂扬的话，对我给予了鼓励。

点拨

引导读者反思生命的有限性和工作的意义，强调在有限的时间内追求更高的目标，为人生增添价值。

191

对于《人类的黎明》，香港《明报》当年❶3 月 17 日以《精美的科普图册》为题，发表述评说：

　　……一个有希望的国家，她的出版物应该是尽善尽美的，多姿多彩的。现在搁在我手边的一册《人类的黎明》同样令我心情激动……

　　这是一本精装的大开本图册，有部分是彩页，印刷十分精美，由香港三联书店出版。起初我感到美中不足之处，便是用的简体字，后来却又因此而释然。理解到这本图册的主要读者对象，应是中国内地的青年。内地青年可以读到这么精美的科学图册，应是首次，深信必会引动他们对于科学的兴趣——任何一种读物，印刷、设计与装帧的精美，都会使读者爱不释手。……我将这本《人类的黎明》拿在手上，会产生一种自豪感，我已不是把它看作是某出版社的出版物，而看成是中国的出版物。……《人类的黎明》编者是中国著名古人类学权威贾兰坡教授，现在香港博物馆展出的古人类化石，有部分便是由他所发掘的。

香港《大公报》当年 3 月 28 日在第 12 版，登载了署名"融民"的作者以《科学地反映人类起源学说的图册——介绍〈人类的黎明〉》为题的文章。文中用了很大的篇幅介绍这本书，其中有一段这样说：

　　……关于人类的诞生的演进，科学已经一再证明进化论的正确，可是那详细的过程和证据，许多人仍然希望有一本

---

❶ 当年：这里指 1983 年。

读物加以清晰阐述。

最近作为《图解科学普及全书》其中一卷的这本大型图说《人类的黎明》的问世，基本上满足了人们的这一渴求。图说由我国著名古人类学家和旧石器时代考古学家贾兰坡教授主编。编辑时，曾获国内外不少权威学术机构和个人的协助。全卷收图400余幅，约四分之一是彩图，内有12万字说明……每章撰述者，均是有关专家、学者，他们援引了大量的出土文物和中外同行的最新研究成果，将各该范围内一向颇多争议的问题一一分析缕述，一新人们耳目……

3月27日香港《文汇报〈百花〉》专刊，以《从中国古人类展览谈到〈人类的黎明〉》为题，刊载了如下论述：

阅读笔记

……最近，香港三联书店又及时地出版了《人类的黎明：人类的起源与演化图说》。这是一部科普图说，它围绕着人类的起源和演化这个主题，以"图解"的方式，介绍了古人类学的基础知识和新近的研究成果，图文并茂，内容生动。编撰者从"人类的母亲"——地球谈起，横剖动物与人类起源的关系，纵论人类的诞生和发展，直到现代遗存的原始人类生活折光反映，形象地显示了人类初生阶段的场景……

3月24日，香港《新晚报》以《中国第一部突破性的科普图说——贾兰坡主编的〈人类的黎明〉》为题，刊登了评论：

而本书所探讨的"人类的起源与演化"的问题，我们的考古学界近年来的研究成果，所获得的出土化石，足以证明人类真正历史的确实性。本书就是以第一手的资料和深入的研究成果，反映了我国科学家在古人类学这方面的新成就。……

《周口店发掘记》的英译本将书名改为 Story of Peking Man（《北京人的故事》），日文译名为《北京猿人匆匆来去》。1985年第2期的《对外出版工作》（外文出版社）上发表了一篇《〈周口店发掘记〉将搬上日本银幕》的简讯：

　　《周口店发掘记》（日本译名《北京猿人匆匆来去》）在日本出版后，受到读者热烈欢迎，著作很快销售一空。

　　日本电视工作者同盟（东京电视系统 TBS）决定根据本书拍摄电视片：《周口店北京人匆匆来去》。该片导演太原丽子一行5人于今年2月11日至21日来我国拍片，著名古人类学家、《周口店发掘记》作者贾兰坡在家接受了采访。正逢新春佳节，宾主在家吃了一顿饺子午宴，气氛热烈而亲切。

这本书的出版发行，我们并没有拿到多少稿费。有的外国人把书给我寄来，叫我在书上签名再给他寄回去。这样我反而花出去很多邮寄费。

对我著的《中国古人类大发现》一书，也有评论。在《化石》（中国科学院古脊椎动物与古人类研究所主办）1995年第3期上，发表了署名"了望"的文章，文章题目为《〈中国古人类大发现〉一书问世》，文中写道：

……贾兰坡教授在书中用通俗易懂的语言和引人入胜的情节，叙述了我国不同时期古人类化石的发现、发掘和研究的梗概，并按照人类文化发展的序列，阐明其性质，赋予了新的内涵。……该书内容丰富，图文并茂……对于酷爱本门学科的读者来说，可谓如鱼得水，久旱遇雨，值得一阅。

香港 1995 年 4 月号《读书人》月刊以《中国古人类大发现》为题发表了占 3 页版面的评论，其中有一段：

以贾兰坡的高龄，及对古人类学修为之深，很难要求他的文章能令初学者看得明白。

但令人赞叹的是，这部近 150 页的《中国古人类大发现》，竟是一个娓娓动听的中国古人类历史故事。

贾兰坡像在对一群年轻朋友讲话，他以第一身的写法，告诉大家过往中外学者研究人类历史起源的重点，而他在中国的考古研究中，发掘了什么遗址，该遗址有何特点，并将发掘出来的人类头骨化石及生产工具作了详细图文解说，等等。

评论者苏女先生也提出了一些意见，如：

对于一些特别名词，编者宜作注释及作图解；名词用词必须统一，62 页用了"周口店乡"，63 页却写"周口店镇"；同在 55 页，一时写 100 万年，另段又写 1.00 百万年，都使读者混淆；在中国古人类遗址分布图中，没有此书的

点拨

这段话是对贾兰坡工作风格的肯定，作者引用这一评论，一是为了表达欣慰之情，二是自勉。

人类起源的最大发现地：禄丰县；虽然贾兰坡没有在该地进行发掘考古，也宜标示地点，完整地显示中国古人类的存在踪迹。

对苏女先生的鼓励和提出的良好意见，我非常感谢。

到目前为止，我一共写了 456 篇文章，还有大小 20 册书。我的文章及一些小册子也有很多是科普性的。我为这门学科奉献了近 70 年，我很爱这个事业，我希望后继有人，希望这门学科不断地前进和发展，所以除写一些学术论文外，在科普文章中，我也用了很多精力。

我极力宣传、普及这门学科，从上述的一些评论中，也可以看出人们是多么地喜欢科普性的读物。如果专写学术性的文章，在文章中罗列一大串专用名词，有谁爱看和看得懂呢？科普作品也许不被算作成绩，不算成绩就不算吧，反正我不是为个人成绩而活着，只要问心无愧就心满意足了。

点拨

作者从事科普工作的初衷是为了推广科学知识，而不是为了个人名利。

我是快 90 岁的人了，人到老了，不免总想过去的事。往事一幕一幕像电影一样在脑中放映。从 1931 年春我 22 岁进中国地质调查所当练习生算起，除"七七"事变日本人占领北平，我失业干了 3 年"卉园商行"买卖外，掐头去中，我在我的老本行上干了 60 多个年头。我热爱我的工作，对这门科学充满了深厚的感情。我更希望在我离开人世之前，能看到有更多的青年人投入到这门学科的队伍中来，使这门学科后继有人，不断地发展和壮大，年轻人能超过我们这一代，做出更大的成绩。

我中学毕业，从练习生起家，1933 年升为练习员；之后，当时的领导看我工作努力，为了培养我，叫我到北京大学地质系进修，学习普通地质学、地层学（前边没有提及过，是我回忆中漏掉了）；1935

年升为技佐；1937年升为技士（因为日本侵华，上报后没得到正式批文，暂按调查员任用，1945年日本投降后正式按技士职称任用。技士相当于今天的副研究员）；新中国成立后，仍任副研究员；1956年升为研究员。我已经迈入到了高层的研究领域。我没有上过大学，也没到国外留过学，我是从一个什么都不懂的小伙计，一步一步攀登上来的。我是从石头夹缝中走过来的人。

有人说我是"土老帽"遇上了好运气，这点我承认。我是个地地道道的土老帽，没进过高等学府，也没留洋镀过金。至于"运气"，我认为就是"机遇"。我的机遇非常好。我一进地质调查所就能在一些国内外著名学者像步达生、魏敦瑞、德日进、杨钟健、裴文中等手下工作，还遇到了像翁文灏这样的领导。我的地位当时虽然很低，但他们从来没有看不起我，他们还手把手地教我。他们为了培养我，不但叫我去北大地质系进修，还要我到协和医学院解剖科正式学习全部课程，平时对我的要求也很严格。我做得不好，他们就不客气地批评；但我工作有点成绩，他们又及时给予鼓励。

我还记得，当年德日进叫我用英文写一篇文章，我的英语基础很差，错误很多，整篇文章，他改正了三分之二，最后落名还是用我一个人的名字。我问他为什么，他笑了笑说，文章是你写的，我只不过帮你改了错句和错字，当然用你的名字。<u>你看，这就是一位大科学家的风范和品德。实际上，像他这样的导师，我是没资格做学生的，我怎么能说不走运呢！</u>何况我还守着近在身边的卞美年、裴文中、杨钟健这样的一些人。

就连一些技工和工人，我对他们也很敬重，我能认识一些动物化石最初就是他们指点的。吃水不忘掘井人嘛。看着挂在我家小客厅里的这些老一辈的中国地质科学的奠基人和开拓者的照片，尽管他们多已不在人间了，却常常勾起我对他们的怀念。每逢遇到难题，看看照

点拨

作者用自谦的语气表达了对导师的敬仰之情。通过这种态度，读者能够感受到他对知识的渴求。

片，回想起他们在世时的音容笑貌，对我仍是一个很大的鼓舞。

俗话说，师傅领进门，修行在个人。我自己的努力，也是我成功的关键。我不但向老师们学，也在工作之余挤出时间读书。我写下的读书笔记足足有100多万字。在实践中，我累积经验，将书本上学到的理论，反过来又指导实践，就这样反反复复。曾当过我们科学院院长的张劲夫讲过：搞事业要"安、钻、迷"，就会干好。所谓的安、钻、迷就是要安下心来，能够钻进去，达到迷恋的程度。我就是做到了安、钻、迷。

我这个人，还有个脾气，也可以说是个性吧，我不愿意跟在大专家、大学者屁股后面跑。尽管他们亲手把我教会，把我培养出来，但对他们在学术上的观点，我也用自己的头脑过一遍，对的支持，认为不对的，就大胆地提出自己的见解。我有我的一定之规：要叫自己的头脑围着事实转，不能叫事实围着自己的头脑转。别人画好圈儿你就钻，绝不会有什么大成就。但是一旦发现自己有错，就要敢于大胆改正，以免误人、误己。越是成了名的专家，越应具备这种精神和勇气。这才算得上"维护科学的尊严"。

20世纪50年代末和60年代初，我和裴文中先生关于北京人是否是最原始的人的争鸣，就是最好的例子。我与裴先生的争鸣纯粹是一场学术上的争鸣，这场争鸣不但没有影响我俩之间的感情和关系，反而带动和促进了我们这门学科的发展。我对裴先生也更加尊敬了。

湖北省考古所李天元先生在郧县发现了郧县人之后，把头骨拿到我们研究所里来，叫我所帮助修理。当时整个头都还被钙质结核包裹着，只露出了一部分牙齿。

我发现臼齿很大，很像南方古猿。我就说这好像是南方古猿。等到我的老朋友胡承志先生到武汉帮他们把头骨修出来以后，他对我说

点拨

这段话充分展现了作者作为一名科学家独立思考、勇于创新和追求真理的精神。这种精神不仅对作者个人的学术生涯产生了深远的影响，也为后来的学者树立了榜样。

不是古猿，是直立人。连李天元教授也认为是直立人的头骨。以后我也承认是直立人了，我并没坚持自己的看法，事实就是事实，在没修出之前我没看准。但此臼齿之大，与其他直立人有很大差异，与湖北省考古所合作研究的美国专家至今也没搞清楚其原因。

半个多世纪，我在旧石器考古学、古人类学、第四纪地质学等方面，也做出了一些成绩，受到了国内外同人的好评。我应邀到过中国香港、中国台湾等地区，以及日本、美国、阿尔及利亚、瑞士等国家去讲学和进行学术交流，所到之处都受到了热烈的欢迎和盛情的款待。从中我看到了国外在科研上的长处，有着很多值得我们学习和借鉴的地方；我也看到了我们自己的优势。

在中国台湾的台中自然博物馆，我看到那里的科普工作做得非常好，声、光、像及电脑等高科技手段都用上了。在一个展示蚊子的展台前，模型蚊子的头放大到直径足有 1 米，吸血的嘴直撑地板，使人一眼就能看清它的结构和它吸血的过程。在立体剧场里，我们看到了火山爆发的演示：火山爆发巨雷般地震耳骇人，喷出的岩浆火花四溅，岩浆缓慢地顺山谷流下，激起的海水波涛汹涌。这种模拟逼真的景象，使人一目了然。在北京人展厅里，塑造了原大的北京人在洞内生活的景象，表现非常生动，根本用不着解释。另外还有肉食恐龙和草食恐龙的对话，不仅活泼有趣，还使人感到确实应保护自然环境，保护好我们的地球。台中自然博物馆每天，特别是节假日，都吸引着成千上万个孩子及大人去参观。

相比之下，内地的博物馆多是在标本前，放上一张标签，就像摆地摊一样，死气沉沉，叫人感到乏味，怎能激发起青少年的兴趣呢？

1995 年 4 月，我应邀到美国华盛顿参加新当选的院士签字仪式，在旧金山和华盛顿也参观了一些博物馆。给我印象最深的是美国人非常

点拨

通过具体的科学研究案例，生动地展示了一位科学家严谨求实的科学态度。

点拨

通过对比生动地描绘了内地博物馆的现状，直观地表达了博物馆展示方式的单调和乏味，强调改进的必要性。

喜爱博物馆。不管是旧金山的亚洲艺术博物馆、自然科学博物馆，还是华盛顿的国家自然历史博物馆、航天博物馆等，参观的人都非常多。特别是星期天，人们很早就排起了长队，等候博物馆开门。学生也很多，一队一队的。在亚洲艺术博物馆里，有一个很大的房间，中央放着大桌子，很多小学生围在桌前写着什么，书包放在地上。我问了陪同我参观的一位工作人员，才知道，美国对博物馆这块教育基地非常重视，很多博物馆都有这样的房间供学生使用。小学生参观完后，老师给他们出题，他们就围在桌前写观后感。有的学生没看清楚，还可以跑去再看，回来再写。这不都是值得我们学习和借鉴的地方吗？

当然我们也有自己的优势。我国地域辽阔，地层保存完好。越来越多的古人类化石和旧石器遗址相继被发现，一个个缺环被找到。很多国外的科学家都把眼光逐渐地移向中国，他们也都想跑到中国来看看，寻找人类的祖先。既然这门学科是世界性的，那么它就会受到各国科学家的关注。随着改革开放的不断深入，这项事业的合作，给我们带来了一片光明的前景，也更能促进我国这门学科的发展和繁荣。

1980 年，我当选为中国科学院院士（当时称学部委员）；1994 年当选为美国国家科学院 ❶ 外籍院士；1996 年当选为第三世界科学院 ❷ 院士。一个仅仅上过中学的人能够获得三个院士的荣誉称号，这足以使我感到欣慰。我的工作没白费，我也没有虚度年华。我做出的一点点成绩，得到了世界的承认。

"春蚕到死丝方尽"，我在有生之年，仍会在我的事业上奋斗不已，为发展我国的古人类学、旧石器考古学奉献光和热。

话又说回来，快 90 岁的人，跑也跑不动了，还能干什么呢？

---

❶ 美国国家科学院：今称"美国全国科学院"。

❷ 第三世界科学院：今称"发展中国家科学院"。

1995 年，美国世界探险中心（探险家俱乐部）推举我做一名会员，我说："这个俱乐部都是探险家，有第一次航天的，有登月球的，我算什么呀！别说探险了，现在就连小板凳我都上不去了。"他们笑着说："我们都知道，你钻过山洞，钻过 300 多个山洞，钻洞也是探险。不是说你还能不能再探险，而是你为探险事业做过贡献。"

我现在眼、口、手、脚都快不听使唤了，我想奉献的光和热就是要把青年人培养成才，希望他们接好我们这一代人的班，在新世纪里挑大梁，超过我们，做出的工作比我们更有成绩。我的成绩也希望得到他们的检验。我在 1995 年 4 月访问美国时，利基基金会在旧金山为我举行欢迎会，来自湾区的著名科学家、教授、作家、记者、旧金山华人代表有近百人。我在致答词时说："我虽然老了，但我还希望在有生之年为这门学科做出自己的贡献。更多的工作应靠年轻人去做，他们思想开放，更容易掌握先进技术和方法，比我们老的更强。我愿意为他们抬轿子。"

给青年人抬轿子，扶他们走上一段，是我们老一辈的责任。我也是在老一辈的教导下走过来的。对青年人要爱护，要严格，但不能打击，否则不利于他们的成长。

60 多年里，我写了 400 多篇（部）论著，但给青少年写这么多还是第一次。因为我不是小说家，语言修辞不是很好，有些学术上的东西也怕青少年朋友不好懂。我的水平有限，也只好这样了。我是从周口店起家的，我的命运、事业与周口店紧紧连在一起，没有周口店，也就没有我的今天。青少年朋友可能不知道有我这个贾兰坡，但一定会知道周口店北京人遗址，这在课本上会学到。它不但被联合国教科文组织列为世界文化遗产，也多次被北京市列为青少年教育基地。在周口店北京人遗址里，发现古人类的材料之多、背景之全，在世界上是首屈一指的。

点拨

作者直接提到"愿意为他们抬轿子"，以朴实的话语表明了老一辈科学家对年轻人能力的高度认可，以及对学科未来发展的信心，既有鼓励也有期盼。

保护好这个世界文化遗产，为越来越多的人所关注，这也是我的一个心愿。我在一些文章中多次呼吁，除了要保护好这个遗址，在有条件的情况下，在遗址周围还应种上与 50 万年前类似的树木和草丛，塑造出北京人打制石器、狩猎、采集果实和使用火的场景，逼真地再现北京人的生活，使参观者一进遗址大门就能感受到仿佛进入了 50 万年前。那样，北京人遗址会越来越受人们，特别是青少年朋友们的喜爱，成为真正的教育基地。青少年对这门学科产生了浓厚的兴趣，就会有更多的青年加入到这门学科队伍中来，这门学科就会有更加快速的发展，再现新的辉煌。

我在第七届全运会将亲手点燃的"文明之火"的火种传给了青年，他们又一个个传递下去。"文明之火"与"进步之火"的火种将燃起熊熊的科技之光，照亮祖国这块神州大地。

我有机会写一下自己，这只是个以讲故事的方式写下的自述，想到哪里就写到哪里，因为不是什么传记，就不必担心什么，同时还能澄清一些事实。例如，在我的一份材料中，不知谁为我填写了简历。写得不但词句不通顺，更可气的是说我在伪地质调查所工作过两年。"伪"当然是指日寇侵华之伪。我是从来没在伪政府部门干过事。知道我的人目前还大有人在，他们都可证实，不然和我一起工作过的人不在世了，这岂不是又成了"无头冤案"。

想到过去，就会想到父母对我的养育之恩，想到今天能有一点所得，就会想起我的先师杨钟健、裴文中、德日进、魏敦瑞等人对我的教育和鼓励，就会想到他们对我的严格要求。当然这点所得也和一些老中青朋友的无私帮助分不开，我向这些人深深地鞠上一躬。

阅读笔记

阅读思辨

1.作者为什么说自己是一个"土老帽"？他又是怎么从一个"土老帽"变成世界著名的科学家的呢？

2.作者为什么这么喜欢他的工作？你觉得科学研究是一份什么样的工作？

读后任务三

1.阅读以下文字，回答问题。

　　我不愿意跟在大专家、大学者屁股后面跑。尽管他们亲手把我教会，把我培养出来，但对他们在学术上的观点，我也用自己的头脑过一遍，对的支持，认为不对的，就大胆地提出自己的见解。我有我的一定之规：<u>要叫自己的头脑围着事实转，</u>不能叫事实围着自己的头脑转。别人画好圈儿你就钻，绝不会有什么大成就。但是一旦发现自己有错，就要敢于大胆改正，以免误人、误己。<u>越是成了名的专家，越应具备这种精神和勇气。</u>这才算得上"维护科学的尊严"。

　　（1）贾兰坡爷爷强调"要叫自己的头脑围着事实转"，这表明在进行调查研究时要做到下面哪一项呢？（　　）

　　A.以自己的想法为主　　B.以事实为依据

　　C.相信自己的直觉　　D.听从权威的建议

　　（2）贾兰坡爷爷说"越是成了名的专家，越应具备这种精神和勇气"，你觉得"这种精神和勇气"是什么？

2.阅读以下文字，回答问题。

　　前人曾教导我，搞好这门科学要"三勤"，即"<u>口勤、手勤、脚勤</u>"。前人的教导虽然只有六个字，我却深刻地感受到它对我的成长和成才带来了莫大的教益。研究古人类学、旧石器考古学及古生物学和搞地质学一样，如果不亲自去跑、去看、去找，只仰仗向别人要点材料做研究，是永远也不会成功的。

　　（1）"口勤、手勤、脚勤"是谁给贾兰坡爷爷的教导呢？（　　）

　　A.步达生　　B.裴文中　　C.杨钟健　　D.魏敦瑞

（2）根据材料内容判断正误。

　　　　①"口勤、手勤、脚勤"分别指的是勤于动口提问、勤于动手操作和勤于走访调查。（　　）

　　　　②"三勤"精神只适用于古人类学、旧石器考古学及古生物学等领域。（　　）

3.根据提示，将表格填写完整。

　　详细阅读《从死神身边逃脱》一节，梳理贾兰坡爷爷的几次惊险经历。

时间	地点	事件
①＿＿＿＿＿	黑龙江省宁安县附近	汽车起火
1976 年	②＿＿＿＿＿	③＿＿＿＿＿
④＿＿＿＿＿	北京	患结肠癌，术后感染肝炎
1989 年	北京中日友好医院	

4.根据提示内容，完成实践制作练习。

　　贾兰坡爷爷到广西探洞寻"巨猿"，在柳州一个叫白莲洞的洞内"发现了 1 件扁尖的骨锥和 1 件粗制的骨针，可惜针身都已残破"，请你在家里吃鱼时选择并保留一根合适的鱼刺，清理干净后把它制作成"骨针"，然后试着用它缝制布料。注意：千万不要扎到手哦。

1.（1）B　（2）示例：独立思考、实事求是；或敢于提出自己的见解，勇于承认错误和改正。

2.（1）B　（2）①√　②×

3.①1976 年　②内蒙古呼和浩特市东郊　③发生车祸　④感染肺炎

4.略。